食品审核智慧监管实训教程

◎刘 倩 李 博 孙先枝 主编

中国农业科学技术出版社

图书在版编目(CIP)数据

食品审核智慧监管实训教程 / 刘倩，李博，孙先枝主编．--北京：中国农业科学技术出版社，2023.8

ISBN 978-7-5116-6385-6

Ⅰ.①食… Ⅱ.①刘…②李…③孙… Ⅲ.①智能技术-应用-食品安全-监管制度-中国-教材 Ⅳ.①TS201.6-39

中国国家版本馆 CIP 数据核字(2023)第 147567 号

责任编辑 金 迪
责任校对 王 彦
责任印制 姜义伟 王思文

出 版 者 中国农业科学技术出版社
北京市中关村南大街 12 号 邮编：100081
电 话 (010) 82106625 (编辑室) (010) 82109702 (发行部)
(010) 82109709 (读者服务部)
网 址 https://castp.caas.cn
经 销 者 各地新华书店
印 刷 者 北京地大彩印有限公司
开 本 185 mm×260 mm 1/16
印 张 12.25 折页 1
字 数 299 千字
版 次 2023 年 8 月第 1 版 2023 年 8 月第 1 次印刷
定 价 78.00 元

《食品审核智慧监管实训教程》

编写人员

主　　编：刘　倩　李　博　孙先枝（上海城建职业学院）

副 主 编：孙　敏　谈甜甜　刘金宝　张赟彬（上海城建职业学院）

参　　编（按照姓氏拼音排序）：

陈安娜（上海城建职业学院）

陈小秋（原上海市徐汇区市场监督管理局）

高　鑫（上海城建职业学院）

胡晓霞（上海城建职业学院）

李　娜（上海城建职业学院）

刘小杰（上海城建职业学院）

刘晓丹（上海城建职业学院）

谭智峰（上海城建职业学院）

王春华（上海城建职业学院）

魏国文（上海市浦东新区食品药品安全管理协会）

肖　瀛（上海城建职业学院）

许　萍（上海城建职业学院）

岳海艳（上海城建职业学院）

张　芬（上海城建职业学院）

庄海宁（上海城建职业学院）

前　言

2019年5月9日，中共中央、国务院印发《关于深化改革加强食品安全工作的意见》，指出食品安全关系人民群众身体健康和生命安全，关系中华民族未来；必须深化改革创新，用最严谨的标准、最严格的监管、最严厉的处罚、最严肃的问责，进一步加强食品安全工作，确保人民群众“舌尖上的安全”。食品生产经营审核过程作为食品安全把控的重要环节，很大程度上决定着食品安全。

近几年，国家加强食品安全管理，积极推进“互联网+明厨亮灶”，充分运用物联网、人工智能等技术强化供餐单位自身食品安全管理，各地也打造智慧监管平台、“一网通办”等智慧化模式，这就要求食品经营者需要及时了解食品安全审核的流程以及审核管理的要求。

本书以提升食品安全审核管理能力为目标，通过模块化、项目化、任务化的模式开展实训。本书由食品生产、经营资质审核，食品生产、经营过程审核，食品安全与质量控制，质量管理体系审核四个模块构成，可全面提升学生对食品安全审核任务的理解和应用能力，书中融入了最新的食品安全智慧监管的理念，将“一网通办”等操作要点详细列出，同时对于一些不方便进入企业的项目展开了虚拟仿真实训。本书可作为职业本科、高职、高专食品类专业学生的食品安全管理类课程的辅助实训教材，也可作为食品生产、经营管理人员培训和企业质量控制的参考书。

本书得到上海市徐汇区市场监督管理局、上海市浦东新区市场监督管理局及上海市浦东新区食品药品安全管理协会大力支持，出版经费来源为上海城建职业学院一流专业建设、健康服务类专业国际化高水平人才基地建设项目。

限于编者的知识和水平，书中难免有不妥或错误之处，敬请读者批评指正。

编者

目　录

模块一　食品生产、经营资质审核

模块二　食品生产、经营过程审核

模块三　食品安全与质量控制

模块四　质量管理体系审核

模块一
食品生产、经营资质审核

项目一　食品生产资质审核

任务 1　模拟开展生产许可申请

一、技能目标

1. 食品生产许可证申请流程。
2. 协助企业完成食品生产变更的申请书。
3. 资料整理与文本撰写能力。

二、理论准备

食品生产许可 SC 认证相关知识。

三、实训内容

1. 任务发布

某生产企业需要变更食品生产许可，请完成变更和延续的申请书。变更内容如下：

（1）食品类别发生变更：新增糕点［热加工糕点（烘烤类糕点：其他类）］，原食品生产许可类别为饼干［饼干（酥性饼干、曲奇饼干、蛋卷、煎饼、装饰饼干）］；糕点［热加工糕点（烘烤类糕点：酥类、酥层类、酥皮类、糖浆皮类、发酵类、烤蛋糕类）；冷加工糕点（西式装饰蛋糕类、夹心（注心）类）］，变更后食品生产许可类别为饼干［饼干（酥性饼干、曲奇饼干、蛋卷、煎饼、装饰饼干）］；糕点［热加工糕点（烘烤类糕点：酥类、酥层类、酥皮类、糖浆皮类、发酵类、烤蛋糕类、其他类）；冷加工糕点（西式装饰蛋糕类、夹心（注心）类）］。

（2）设备设施发生变更：新增部分新设备设施。

（3）设备布局与工艺流程变更：新增部分设备，内包装间面积扩大，冷加工面积缩小，详见变更前后生产设备布局平面图。

（4）食品安全专业技术人员及食品安全管理人员发生变化。

（5）设备布局图等相关材料见附录。

2. 任务实施

讨论任务，完成食品生产变更申请书。

四、参考评价

申请书填写主要考核要点：

（1）申请事项填写正确。

（2）变更事项勾选准确，内容填写清楚完整。

（3）生产主要设备设施包括新增的填写完整。

（4）管理制度文件填写正确。

[**实训材料**]

食品生产许可申请书

许可类别：□食品
　　　　　□食品添加剂

申请事项：□首次申请
　　　　　□许可变更
　　　　　□许可延续

申请人名称：　　　　　　　　（签字或盖章）

申请日期：　　　　　　　　________年________月________日

声　明

按照《中华人民共和国食品安全法》及《食品生产许可管理办法》要求，本申请人提出食品生产许可申请。所填写申请书及其他申请材料内容真实、有效（复印件或者扫描件与原件相符）。

特此声明。

一、申请人基本情况

申请人名称			
法定代表人 （负责人）			
食品生产 许可证编号			
统一社会 信用代码			
住　　所			
生产地址			
联 系 人		联系电话	
传　　真		电子邮件	
变更事项	变化事项（勾选） □设备设施 □设备布局与工艺流程 □食品类别 □生产者名称 □社会信用代码（个体生产者为身份证号码） □法定代表人（负责人） □住所 □生产地址 变更后情况：（变更、延续申请时填写）		
备注			

二、产品信息表

序号	食品、食品添加剂类别	类别编号	类别名称	品种明细	备注
1	饼干	0801	饼干	酥性饼干、曲奇饼干、蛋卷、煎饼、装饰饼干	
2	糕点	2401	热加工糕点	烘烤类糕点：酥类、酥层类、酥皮类、糖浆皮类、发酵类、烤蛋糕类、其他类	
3	糕点	2402	冷加工糕点	西式装饰蛋糕类；夹心（注心）类	
…					

注：1. 填写时请参照《食品、食品添加剂分类目录》。

2. 申请食品添加剂生产许可的，食品添加剂生产许可审查细则对产品明细有要求的，填入“备注”列。

3. 生产保健食品、特殊医学用途配方食品、婴幼儿配方食品的，在“备注”列中载明产品或者产品配方的注册号或者备案登记号；接受委托生产保健食品的，还应当载明委托企业名称及住所等相关信息。生产保健食品原料提取物的，应在“品种明细”列中标注原料提取物名称，并在备注列载明该保健食品名称、注册号或备案号等信息；生产复配营养素的，应在“品种明细”列中标注维生素或矿物质预混料，并在“备注”列载明该保健食品名称、注册号或备案号等信息。

三、食品生产主要设备、设施

设备、设施				
序号	名称	规格/型号	数量	使用场所
1				
2				
3				
4				
5				
6				
7				
8				
…				

四、食品安全专业技术人员及食品安全管理人员名单

序号	姓名	身份证号	职务	文化程度与专业	人员类别	专职/兼职情况
1						
2						
3						
4						
5						
…						

注：1. 人员可以在企业内部兼任职务。

2. 同一人员可以是专业技术人员和管理人员双重身份，请据实填写。

五、食品安全管理制度清单

序号	管理制度名称	文件编号
1		
2		
3		
4		
5		
…		

注：只需要填报食品安全管理制度清单，无须提交制度文本。

六、食品生产许可其他申请材料清单

根据《食品生产许可管理办法》，申请食品、食品添加剂生产许可，申请人需要提交以下材料：

（1）食品（食品添加剂）生产设备布局图。

（2）食品（食品添加剂）生产工艺流程图。

申请特殊食品生产许可，申请人还需要提交以下材料：

（1）特殊食品的生产质量管理体系文件。

（2）特殊食品的相关注册和备案文件。

注：（1）特殊食品包括：保健食品、特殊医学用途配方食品、婴幼儿配方食品。

（2）保健食品申请材料按照《保健食品生产许可审查细则》（食药监食监三〔2016〕151号）要求，提交申请材料或目录清单。

任务 2　模拟开展生产许可审核

一、技能目标

1. 准确填写食品、食品添加剂生产许可现场核查报告、生产许可现场核查评分记录表。

2. 能协助完成食品、食品添加剂生产许可现场的核查工作。

二、理论准备

食品生产许可 SC 审核相关知识。

三、实训内容

1. 任务发布

（1）糕点企业现场实训，完成食品、食品添加剂生产许可现场核查报告。

（2）完成饼干生产许可现场核查评分记录表。

2. 任务实施

根据《食品生产许可审查通则》及饼干生产许可审查细则，进行现场核查。

（1）填写食品、食品添加剂生产许可现场核查报告；对生产许可现场核查情况进行打分，描述存在的问题。

（2）填写食品、食品添加剂生产许可现场核查评分记录表，现场设置至少 3 处以上考核点，需找到问题，根据评分标准进行打分，填写核查记录。

四、参考评价

主要考核要点：

（1）现场审查共设定了至少 3 处以上考核点，全部找出满分，缺项相应扣分。

（2）逐项核查，不缺项。

（3）相关文本填写规范。

[实训材料]

食品、食品添加剂生产许可现场核查报告

根据《食品生产许可审查通则》及 饼干 、 、 生产许可审查细则，核查组于____年___月___日至____年___月___日对 上海××食品有限公司 进行了现场核查，结果如下。

一、现场核查结论

（一）现场核查正常开展，经综合评价，本次现场核查的结论是：

序号	食品、食品添加剂类别	类别名称	品种明细	执行标准及标准编号	核查结论
1	饼干	饼干	酥性饼干、曲奇饼干、蛋卷、煎饼、装饰饼干	GB/T 20980—2021	通过
2					
3					
4					

（二）因申请人的下列原因导致现场核查无法正常开展，本次现场核查的结论判定为未通过现场核查：

□不配合实施现场核查。

□现场核查时生产设备设施不能正常运行。

□存在隐瞒有关情况或提供虚假申请材料。

□因申请人的其他主观原因。

（三）因下列原因导致现场核查无法正常开展，终止现场核查。

□因不可抗力原因，或其他客观原因导致现场核查无法正常开展。

□因申请人涉嫌食品安全违法且被食品药品监督管理部门立案调查。

核查组长签名：　　　　　　　　　　申请人意见：

核查组员签名：

观察员签名：　　　　　　　　　　申请人签名（盖章）：

20××年××月××日　　　　　　　　　　年　　月　　日

二、食品、食品添加剂生产许可现场核查得分及存在的问题

食品、食品添加剂类别及类别名称：糕点（热加工糕点、冷加工糕点）

核查项目分数		实际得分
生产场所（分）	24	（分）
设备设施（分）	33	（分）
设备布局和工艺流程（分）	9	（分）
人员管理（分）	9	（分）
管理制度（分）	24	（分）
试制产品检验合格报告（分）	1	（分）
总分：（分）；得分率：%；单项得分为0分的共________项		

现场核查发现的问题	
核查项目序号	问题描述

核查组长签名：

核查组员签名：

观察员签名：

年　月　日

申请人意见：

申请人签名（盖章）：

年　月　日

注：1. 申请人申请多个食品、食品添加剂类别时，应当按照类别分别填写本页。

2. “现场核查发现的问题”应当详细描述申请人扣分情况；核查结论为“通过”的食品类别，如有整改项目，应当在报告中注明；对于核查结论为“未通过”的食品类别，应当注明否决项目；对于无法正常开展现场核查工作时，其具体原因应当注明。

食品、食品添加剂生产许可现场核查评分记录表

申请人名称：________________

食品、食品添加剂类别及类别名称：________________

生产场所地址：________________

核查日期：__________年__________月__________日

	姓名（签名）	单位	职务	核查分工	核查员证书编号
核查组成员					

使用说明

1. 本记录表依据《中华人民共和国食品安全法》《食品生产许可管理办法》等法律法规、部门规章以及相关食品安全国家标准的要求制定。

2. 本记录表应当结合相关食品生产许可审查细则要求使用。

3. 本记录表包括生产场所（共 24 分）、设备设施（共 33 分）、设备布局和工艺流程（共 9 分）、人员管理（共 9 分）、管理制度（共 24 分）以及试制产品检验合格报告（共 1 分）6 部分，共 34 个核查项目。

4. 核查组应当按照核查项目规定的“核查内容”“评分标准”进行核查与评分，并将发现的问题具体翔实地记录在“核查记录”栏目中。

5. 现场核查结论判定原则：核查项目单项得分无 0 分且总得分率≥85%的，该食品类别及品种明细判定为通过现场核查。

当出现以下两种情况之一时，该食品类别及品种明细判定为未通过现场核查：

（1）有一项及以上核查项目得 0 分的。

（2）核查项目总得分率<85%的。

6. 当某个核查项目不适用时，不参与评分，并在“核查记录”栏目中说明不适用的原因。

一、生产场所（共 24 分）

序号	核查项目	核查内容	评分标准		核查得分	核查记录
1.1	厂区要求	1. 保持生产场所环境整洁，周围无潜在虫害大量滋生的场所，无有害废弃物以及粉尘、有害气体、放射性物质和其他扩散性污染源。各类污染源难以避开时应当有必要的防范措施，能有效清除污染源造成的影响	符合规定要求	3		
			有污染源防范措施，但个别防范措施效果不明显	1		
			无污染源防范措施，或者污染源防范措施无明显效果	0		
		2. 厂区布局合理，各功能区划分明显。生活区与生产区保持适当距离或分隔，防止交叉污染	符合规定要求	3		
			厂区布局基本合理，生活区与生产区相距较近或分隔不彻底	1		
			厂区布局不合理，或者生活区与生产区紧邻且未分隔，或者存在交叉污染	0		
		3. 厂区道路应当采用硬质材料铺设，厂区无扬尘或积水现象。厂区绿化应当与生产车间保持适当距离，植被应当定期维护，防止虫害滋生	符合规定要求	3		
			厂区环境略有不足	1		
			厂区环境不符合规定要求	0		

（续表）

序号	核查项目	核查内容	评分标准		核查得分	核查记录
1.2	厂房和车间	1. 应当具有与生产的产品品种、数量相适应的厂房和车间，并根据生产工艺及清洁程度的要求合理布局和划分作业区，避免交叉污染；厂房内设置的检验室应当与生产区域分隔	符合规定要求	3		
			个别作业区布局和划分不太合理	1		
			厂房面积与空间不满足生产需求，或者各作业区布局和划分不合理，或者检验室未与生产区域分隔	0		
		2. 车间保持清洁，顶棚、墙壁和地面应当采用无毒、无味、防渗透、防霉、不易破损脱落的材料建造，易于清洁；顶棚在结构上不利于冷凝水垂直滴落，裸露食品上方的管道应当有防止灰尘散落及水滴掉落的措施；门窗应当闭合严密，不透水、不变形，并有防止虫害侵入的措施	符合规定要求	3		
			车间清洁程度以及顶棚、墙壁、地面和门窗或者相关防护措施略有不足	1		
			严重不符合规定要求	0		

（续表）

序号	核查项目	核查内容	评分标准		核查得分	核查记录
1.3	库房要求	1. 库房整洁，地面平整，易于维护、清洁，防止虫害侵入和藏匿。必要时库房应当设置相适应的温度、湿度控制等设施	符合规定要求	3		
			库房整洁程度或者相关设施略有不足	1		
			严重不符合规定要求	0		
		2. 原辅料、半成品、成品等物料应当依据性质的不同分设库房或分区存放。清洁剂、消毒剂、杀虫剂、润滑剂、燃料等物料应当与原辅料、半成品、成品等物料分开放置。库房内的物料应当与墙壁、地面保持适当距离，并明确标识，防止交叉污染	符合规定要求	3		
			物料存放或标识略有不足	1		
			原辅料、半成品、成品等与清洁剂、消毒剂、杀虫剂、润滑剂、燃料等物料未分开存放；物料无标识或标识混乱	0		
		3. 有外设仓库的，应当承诺外设仓库符合 1.3.1、1.3.2 条款的要求，并提供相关影像资料	符合规定要求	3	/	未涉及，不考核
			承诺材料或影像资料略不完整	1		
			未提交承诺材料或影像资料，或者影像资料存在严重不足	0		

二、设备设施（共 33 分）

序号	核查项目	核查内容	评分标准		核查得分	核查记录
2.1	生产设备	1. 应当配备与生产的产品品种、数量相适应的生产设备，设备的性能和精度应当满足生产加工的要求	符合规定要求	3		
			个别设备的性能和精度略有不足	1		
			生产设备不满足生产加工要求	0		
		2. 生产设备清洁卫生，直接接触食品的设备、工器具材质应当无毒、无味、抗腐蚀、不易脱落，表面光滑、无吸收性，易于清洁保养和消毒	符合规定要求	3		
			设备清洁卫生程度或者设备材质略有不足	1		
			严重不符合规定要求	0		
2.2	供排水设施	1. 食品加工用水的水质应当符合 GB 5749 的规定，有特殊要求的应当符合相应规定。食品加工用水与其他不与食品接触的用水应当以完全分离的管路输送，避免交叉污染，各管路系统应当明确标识以便区分	符合规定要求	3		
			供水管路标识略有不足	1		
			食品加工用水的水质不符合规定要求，或者供水管路无标识或标识混乱，或者供水管路存在交叉污染	0		
		2. 室内排水应当由清洁程度高的区域流向清洁程度低的区域，且有防止逆流的措施。排水系统出入口设计合理并设有防止污染和虫害侵入的措施	符合规定要求	3		
			相关防护措施略有不足	1		
			室内排水流向不符合要求，或者相关防护措施严重不足	0		

（续表）

序号	核查项目	核查内容	评分标准		核查得分	核查记录
2.3	清洁消毒设施	应当配备相应的食品、工器具和设备的清洁设施，必要时配备相应的消毒设施。清洁、消毒方式应当避免对食品造成交叉污染，使用的洗涤剂、消毒剂应当符合相关规定要求	符合规定要求	3		
			清洁消毒设施略有不足	1		
			清洁消毒设施严重不足，或者清洁消毒的方式、用品不符合规定要求	0		
2.4	废弃物存放设施	应当配备设计合理、防止渗漏、易于清洁的存放废弃物的专用设施。车间内存放废弃物的设施和容器应当标识清晰，不得与盛装原辅料、半成品、成品的容器混用	符合规定要求	3		
			废弃物存放设施及标识略有不足	1		
			废弃物存放设施设计不合理，或者与盛装原辅料、半成品、成品的容器混用	0		
2.5	个人卫生设施	生产场所或车间入口处应当设置更衣室，更衣室应当保证工作服与个人服装及其他物品分开放置；车间入口及车间内必要处，应当按需设置换鞋（穿戴鞋套）设施或鞋靴消毒设施；清洁作业区入口应当设置与生产加工人员数量相匹配的非手动式洗手、干手和消毒设施。卫生间不得与生产、包装或贮存等区域直接连通	符合规定要求	3		
			个人卫生设施略有不足	1		
			个人卫生设施严重不符合规范要求，或者卫生间与生产、包装、贮存等区域直接连通	0		

（续表）

序号	核查项目	核查内容	评分标准		核查得分	核查记录
2.6	通风设施	应当配备适宜的通风、排气设施，避免空气从清洁程度要求低的作业区域流向清洁程度要求高的作业区域；合理设置进气口位置，必要时应当安装空气过滤净化或除尘设施。通风设施应当易于清洁、维修或更换，并能防止虫害侵入	符合规定要求	3		
			通风设施略有不足	1		
			通风设施严重不足，或者不能满足必要的空气过滤净化、除尘、防止虫害侵入的需求	0		
2.7	照明设施	厂房内应当有充足的自然采光或人工照明，光照和亮度应能满足生产和操作需要，光源应能使物料呈现真实的颜色。在暴露食品和原辅料正上方的照明设施应当使用安全型或有防护措施的照明设施；如需要，还应当配备应急照明设施	符合规定要求	3		
			照明设施或者防护措施略有不足	1		
			照明设施或者防护措施严重不足	0		
2.8	温控设施	应当根据生产的需要，配备适宜的加热、冷却、冷冻以及用于监测温度和控制室温的设施	符合规定要求	3		
			温控设施略有不足	1		
			温控设施严重不足	0		
2.9	检验设备设施	自行检验的，应当具备与所检项目相适应的检验室和检验设备。检验室应当布局合理，检验设备的数量、性能、精度应当满足相应的检验需求	符合规定要求	3		
			检验室布局略不合理，或者检验设备性能略有不足	1		
			检验室布局不合理，或者检验设备数量、性能、精度不能满足检验需求	0		

三、设备布局和工艺流程（共 9 分）

序号	核查项目	核查内容	评分标准		核查得分	核查记录
3.1	设备布局	生产设备应当按照工艺流程有序排列，合理布局，便于清洁、消毒和维护，避免交叉污染	符合规定要求	3		
			个别设备布局不合理	1		
			设备布局存在交叉污染	0		
3.2	工艺流程	1. 应当具备合理的生产工艺流程，防止生产过程中造成交叉污染。工艺流程应当与产品执行标准相适应。执行企业标准的，应当依法备案	符合规定要求	3		
			个别工艺流程略有交叉，或者略不符合产品执行标准的规定	1		
			工艺流程存在交叉污染，或者不符合产品执行标准的规定，或者企业标准未依法备案	0		
		2. 应当制定所需的产品配方、工艺规程、作业指导书等工艺文件，明确生产过程中的食品安全关键环节。复配食品添加剂的产品配方、有害物质、致病性微生物等的控制要求应当符合食品安全标准的规定	符合规定要求	3		
			工艺文件略有不足	1		
			工艺文件严重不足，或者复配食品添加剂的相关控制要求不符合食品安全标准的规定	0		

四、人员管理（共9分）

序号	核查项目	核查内容	评分标准		核查得分	核查记录
4.1	人员要求	应当配备食品安全管理人员和食品安全专业技术人员，明确其职责。人员要求应当符合有关规定	符合规定要求	3		
			人员职责不太明确	1		
			相关人员配备不足，或者人员要求不符合规定	0		
4.2	人员培训	应当制定职工培训计划，开展食品安全知识及卫生培训。食品安全管理人员上岗前应当经过培训，并考核合格	符合规定要求	3		
			培训计划及计划执行略有不足	1		
			无培训计划，或者已上岗的相关人员未经培训或考核不合格	0		
4.3	人员健康管理制度	应当建立从业人员健康管理制度，明确患有国务院卫生行政部门规定的有碍食品安全疾病的或有明显皮肤损伤未愈合的人员，不得从事接触直接入口食品的工作。从事接触直接入口食品工作的食品生产人员应当每年进行健康检查，取得健康证明后方可上岗工作	符合规定要求	3		
			制度内容略有缺陷，或者个别人员未能提供健康证明	1		
			无制度，或者人员健康管理严重不足	0		

五、管理制度（共 24 分）

序号	核查项目	核查内容	评分标准		核查得分	核查记录
5. 1	进货查验记录制度	应当建立进货查验记录制度，并规定采购原辅料时，应当查验供货者的许可证和产品合格证明，记录采购的原辅料名称、规格、数量、生产日期或者生产批号、保质期、进货日期以及供货者名称、地址、联系方式等信息，保存相关记录和凭证	符合规定要求	3		
			制度内容略有不足	1		
			无制度，或者制度内容严重不足	0		
5. 2	生产过程控制制度	应当建立生产过程控制制度，明确原料控制（如领料、投料等）、生产关键环节控制（如生产工序、设备管理、贮存、包装等）、检验控制（如原料检验、半成品检验、成品出厂检验等）以及运输和交付控制的相关要求	符合规定要求	3		
			个别制度内容略有不足	1		
			无制度，或者制度内容严重不足	0		
5. 3	出厂检验记录制度	应当建立出厂检验记录制度，并规定食品出厂时，应当查验出厂食品的检验合格证和安全状况，记录食品的名称、规格、数量、生产日期或者生产批号、保质期、检验合格证号、销售日期以及购货者名称、地址、联系方式等信息，保存相关记录和凭证	符合规定要求	3		
			制度内容略有不足	1		
			无制度，或者制度内容严重不足	0		

（续表）

序号	核查项目	核查内容	评分标准		核查得分	核查记录
5.4	不安全食品召回制度及不合格品管理	1. 应当建立不安全食品召回制度，并规定停止生产、召回和处置不安全食品的相关要求，记录召回和通知情况	符合规定要求	3		
			制度内容略有不足	1		
			无制度，或者制度内容严重不足	0		
		2. 应当规定生产过程中发现的原辅料、半成品、成品中不合格品的管理要求和处置措施	符合规定要求	3		
			管理要求和处置措施略有不足	1		
			无相关规定，或者管理要求和处置措施严重不足	0		
5.5	食品安全自查制度	应当建立食品安全自查制度，并规定对食品安全状况定期进行检查评价，并根据评价结果采取相应的处理措施	符合规定要求	3		
			制度内容略有不足	1		
			无制度，或者制度内容严重不足	0		
5.6	食品安全事故处置方案	应当建立食品安全事故处置方案，并规定食品安全事故处置措施及向相关食品安全监管部门和卫生行政部门报告的要求	符合规定要求	3		
			方案内容略有不足	1		
			无方案，或者方案内容严重不足	0		
5.7	其他制度	应当按照相关法律法规、食品安全标准以及审查细则规定，建立其他保障食品安全的管理制度	符合规定要求	3		
			个别制度内容略有不足	1		
			无制度，或者制度内容严重不足	0		

六、试制产品检验合格报告（共1分）

序号	核查项目	核查内容	评分标准		核查得分	核查记录
6.1	试制产品检验合格报告	应当提交符合审查细则有关要求的试制产品检验合格报告	符合规定要求	1	/	未涉及，不考核
			非食品安全标准规定的检验项目不全	0.5		
			无检验合格报告，或者食品安全标准规定的检验项目不全	0		

项目二　食品经营资质审核

任务1　模拟开展食品经营许可书填写

一、技能目标

1. 食品经营许可证申请流程。
2. 食品经营许可申请书填写。
3. 资料整理与文本撰写能力。

二、理论准备

1. 食品经营许可认证相关知识。
2. 《中华人民共和国食品安全法》。
3. 《食品经营许可证管理办法》。
4. 《食品经营许可证审查通则》。
5. 《上海市食品经营许可管理实施办法》。
6. 《上海市食品经营许可管理实施办法（试行）实施指南》。

三、实训内容

1. 任务发布

模拟填写上海市徐汇区×××餐饮有限公司经营许可申请书。

2. 任务实施

（1）讨论任务，仔细阅读《上海市食品经营许可管理实施办法》。

（2）根据申请书中已勾选项（大型饭店；热食类食品制售；冷食类食品制售；生食类食品制售），分析该餐饮店经营项目，填写经营许可申请书。

四、参考评价

（1）能够根据材料叙述经营许可办理的条件和流程。

（2）能够根据经营项目查找相关资料，填写食品经营许可申请书。

（3）经营许可申请书填写规范。

[实训材料]

食品经营许可申请书

名称（盖章）：上海×××餐饮有限公司

申请日期：2021 年 11 月 12 日

敬告

1. 申请人应当了解相关的法律、法规，并确知其享有的权利和应承担的义务。
2. 申请人应该如实向许可机关提交有关材料和反映真实情况，并对申请材料的真实性、有效性、合法性负责。
3. 提交的申请材料、证件复印件应该是原件，如需提交复印件的，应当在复印件上注明与原件一致，并由申请人或者指定代表（委托代理人）签字（盖章）。
4. 提交的申请材料、证件复印件应当使用 A4 纸。
5. 填写申请书应当字迹工整，使用钢笔或签字笔（蓝色或者黑色）。
6. 在申请许可过程中，申请人应当认真阅读申请书的内容。

上海市市场监督管理局

填报说明

1. 名称应当与营业执照上标注的名称一致。

2. 填写经营场所时要具体表述所在位置，明确到名牌号、房间号，与登记注册要求一致。

3. 本申请书内所称法定代表人（负责人）包括：①企业法人的法定代表人；②个人独资企业的投资人；③分支机构的负责人；④合伙企业的执行事务合伙人（委派代表）；⑤个体工商户业主；⑥农民专业合作社的法定代表人。

4. 申请人应选择主体业态和经营项目，并在□中打√。

5. 本申请书内所称食品安全专业技术人员是从事食品质量检验或食品安全检查等工作的负责人员，企业根据经营需要自行确定；食品安全管理人员是指企业内部专职或兼职的食品质量安全负责人。

附申报资料

资料名称

1.《食品经营许可申请书》；

2. 营业执照或者其他主体资格证明文件原件及复印件；

3. 法定代表人（负责人）和食品安全管理人员的身份证明原件及复印件；

4. 食品经营场所的使用证明；

5. 与食品经营相适应的主要设备设施布局、操作流程，以及经营场所和设备布局、工艺流程、卫生设施等示意图；

6. 保证食品安全的规章制度；

7. 国家或行业规定的食品安全管理人员相关资质证明，或者上海市规定的食品安全管理人员有效培训合格证明；

8. 产生餐厨废弃油脂的餐饮服务经营者向单位食堂提交油水分离器检验合格报告或者属于行业协会公示目录产品的相关证明，以及餐厨废弃油脂管理制度；

9. 集体用餐配送、中央厨房提交运输配送车辆情况、检验设施、检验人员的相关材料，加工即食食品的中央厨房还应提交食品安全标准，集体用餐配送单位还应提交生产能力验证材料；

10. 各类饭店、饮品店（包括饭馆、咖啡馆、酒吧、茶座）保证公共场所卫生的规章制度；

11. 申请人委托他人提出许可申请的，委托代理人的身份证复印件及委托书；

12. 其他资料。

食品经营许可申请表

<table>
<tr><td colspan="2">名　称</td><td colspan="4">上海×××餐饮有限公司</td></tr>
<tr><td colspan="2">社会信用代码
身份证号码</td><td colspan="4">92310×××××××××××××</td></tr>
<tr><td colspan="2">经济性质</td><td colspan="4">☑企业　□个体工商户　□农民专业合作社　□其他</td></tr>
<tr><td colspan="2">所属区（县）</td><td colspan="2">浦东新区</td><td>所属街道</td><td></td></tr>
<tr><td colspan="2">住所</td><td colspan="4"></td></tr>
<tr><td colspan="2">经营场所</td><td colspan="4"></td></tr>
<tr><td colspan="2">E-mail</td><td colspan="2">ABC123@ 163. com</td><td>邮政编码</td><td></td></tr>
<tr><td colspan="2">经营面积</td><td colspan="2">600 平方米</td><td>产权人</td><td>张×</td></tr>
<tr><td colspan="2">房屋使用
期　限</td><td></td><td>房屋使用
方　式</td><td colspan="2">□自有　☑租赁　□无偿使用　□其他</td></tr>
<tr><td colspan="2">外设仓库</td><td colspan="4">☑无　　□有（地址________________）</td></tr>
<tr><td rowspan="10">主体业态</td><td rowspan="3">食品销售
经营者</td><td colspan="4">□大型超市　□标准超市
□小型超市（便利店）　□大型食品店
□中型食品店　□小型食品店
□综合商场　□品牌食品专业店
□食杂店　□网络平台
□场内经营者　□商贸企业
□商贸企业（非实物方式）　□自动售货
□其他（________）</td></tr>
<tr><td colspan="4">□批发　□零售　□批发兼零售</td></tr>
<tr><td colspan="4">□含网络　□仅限网络　□现制现售</td></tr>
<tr><td rowspan="4">餐饮服务</td><td colspan="4">□特大型饭店　☑大型饭店
□中型饭店　□小型饭店
□饮品店　□甜品站
□现制现售　□船舶供餐
□中央厨房　□团体膳食外卖　□其他</td></tr>
<tr><td colspan="4">□集体用餐配送单位：（单位时间外送数量：________）
□学生盒饭（□冷藏　□加热保温）
□社会盒饭（□冷藏　□加热保温）　□桶饭</td></tr>
<tr><td colspan="4">□专业网络订餐（单位时间外送数量：________）</td></tr>
<tr><td colspan="4">□含网络（单位时间外送数量：________）
□单纯烧烤　□单纯火锅　□全部使用半成品加工</td></tr>
<tr><td rowspan="2">单位食堂</td><td colspan="4">□中小学校食堂　□大专院校食堂
□企事业单位食堂　□养老机构食堂
□托幼机构食堂　□建筑工地食堂
□其他</td></tr>
<tr><td colspan="4">□全部使用半成品加工</td></tr>
</table>

（续表）

名　　称		上海×××餐饮有限公司	
经营项目	除现制现售	□预包装食品销售	□含冷藏冷冻食品　□不含冷藏冷冻食品
		□散装食品销售	□含冷藏冷冻食品　□不含冷藏冷冻食品 □含熟食　□不含熟食 □含生猪产品　□不含生猪产品 □含牛羊肉　□不含牛羊肉
		□特殊食品销售	□保健食品 □特殊医学用途配方食品 □婴幼儿配方奶粉 □其他婴幼儿配方食品
		□其他类食品销售	
		☑热食类食品制售	□简单加热 中央厨房即食食品品种：
		☑冷食类食品制售	□生食果蔬　□简单处理 中央厨房即食食品品种：
		☑生食类食品制售	□即食生食品 限中央厨房申请： □热加工半成品　□冷加工半成品 □餐饮原料
		□糕点类食品制售	□含冷加工操作　□不含冷加工操作 □仅冷加工操作 □简单处理 中央厨房即食食品品种：
		□自制饮品制售	中央厨房即食食品品种：
		□其他类食品制售	
	现制现售	□热食类食品制售	限食品销售申请：□简单加热
			限餐饮服务申请： □熟肉动物性水产品　□熟制藻类 □熟制非发酵豆制品
			食品销售、餐饮服务均可申请： □熟肉制品　□熟制坚果、籽类、豆类
		□生食类食品制售	限市场内食品销售申请： □非即食米面及米面制品 □非即食肉制品（不含咸肉、灌肠）
		□糕点类食品制售	限食品销售申请： □中式干点（含馅）□中式干点（不含馅） □寿司（不含生食类）
			限餐饮服务申请： □糖果、巧克力制品
			食品销售、餐饮服务均可申请： □含冷加工操作　□不含冷加工操作 □仅冷加工操作

（续表）

<table>
<tr><td colspan="2">名　　称</td><td colspan="2">上海××餐饮有限公司</td></tr>
<tr><td rowspan="2"></td><td rowspan="2"></td><td rowspan="2">□自制饮品制售</td><td>限餐饮服务申请：□植物蛋白饮料</td></tr>
<tr><td>食品销售、餐饮服务均可申请：
□果蔬汁类　□风味饮料　□冷冻饮品
□茶、咖啡、植物饮料　　□水果甜品</td></tr>
<tr><td colspan="4">保证申明

申请人承诺：本申请书中所填内容及所附资料均真实、合法、有效，复印文本均与原件一致。如有不实之处，本人（单位）愿负相应的法律责任，并承担由此产生的一切后果。

申请人签字（盖章）：张××　　　　指定代表或委托代理人签字：李××

2021年××月××日　　　　　　　　　2021年××月××日</td></tr>
</table>

注：1. 特大型饭店、大型饭店、中型饭店、小型饭店、饮品店可以同时申请甜品站、现制现售项目；

2. 特大型饭店、大型饭店、集体用餐配送单位、中央厨房可以同时申请团体膳食外卖项目；

3. 大型超市、标准超市、小型超市、大型食品店、中型食品店以及综合商场可以申请销售业态中现场制售项目；

4. 各类经营项目后不填写具体品种的，允许经营该项目下所有食品；经营项目后有具体品种的，仅限经营相关品种食品；

5. 集体用餐配送单位不得申请制作生拌菜、改刀熟食、生食水产品、含冷加工或者仅冷加工操作糕点类食品；

6. 中小学校和幼托机构食堂不得申请冷食类食品、生食类食品制售项目；

7. 无实体门店经营的互联网食品经营者不得申请制作食品制售及散装熟食销售项目；

8. 中央厨房申请配送的即食食品品种应当符合《上海市食品经营许可管理实施办法》规定。

法定代表人（负责人）情况登记表

姓　名	张××	性　别	男
民　族	汉族	职　务	董事长
户籍登记住址	上海市杨浦区××路××弄××号		
证件类型	身份证	证件号	310110××××××××××××
固定电话		移动电话	1390190××××
法定代表人（负责人）签字：　张××　2021年××月××日			
备注：食品经营单位法定代表人（负责人）应当履行以下承诺（声明），并签字加盖单位公章。 法定代表人（负责人）承诺（声明）： 本人向许可机关郑重声明：过去5年内，本人担任直接负责的主管人员和食品安全管理人员所在的食品经营单位，不存在被吊销食品生产经营（卫生、生产、流通或者餐饮服务）许可证的情形。同时，本单位将严格遵守《中华人民共和国食品安全法》的规定。 谨此承诺，本表所填内容不含虚假成分，现亲笔签字（盖章）确认。 签字（盖章）：张×× 2021年××月××日			

身份证件复印件粘贴处（略）。

备注：法定代表人（负责人）范围请参照填表说明第3项。

食品安全专业技术人员、食品安全管理人员情况登记表

<table>
<tr><th>人员分类</th><th>姓名</th><th>性别</th><th>民族</th><th>户籍登记住址</th><th>证件类型</th><th>证件号</th><th>职务</th><th>联系电话</th><th>任免单位</th></tr>
<tr><td rowspan="3">食品安全专业技术人员</td><td></td><td></td><td></td><td></td><td></td><td></td><td></td><td></td><td></td></tr>
<tr><td></td><td></td><td></td><td></td><td></td><td></td><td></td><td></td><td></td></tr>
<tr><td></td><td></td><td></td><td></td><td></td><td></td><td></td><td></td><td></td></tr>
<tr><td rowspan="3">食品安全管理人员</td><td></td><td></td><td></td><td></td><td></td><td></td><td></td><td></td><td></td></tr>
<tr><td></td><td></td><td></td><td></td><td></td><td></td><td></td><td></td><td></td></tr>
<tr><td></td><td></td><td></td><td></td><td></td><td></td><td></td><td></td><td></td></tr>
<tr><td>备　注</td><td colspan="9">食品经营单位食品安全管理人员应当履行以下承诺（声明），并签字加盖单位公章。
食品安全管理人员承诺（声明）：
本人向许可机关郑重声明：过去5年内，本人担任直接负责的主管人员和食品安全管理人员所在的食品经营单位，不存在被吊销食品生产经营（卫生、生产、流通或者餐饮服务）许可证的情形。
谨此承诺，本表所填内容不含虚假成分，现亲笔签字（盖章）确认。
签字（盖章）：　　　　年　　月　　日</td></tr>
</table>

食品安全设施设备登记表

食品安全设施设备：

序号	名称	数量	位置	备注
……				

保证申明

申请人保证：本申请书中所填内容及所附资料均真实、合法。如有不实之处，本人（单位）愿负相应的法律责任，并承担由此产生的一切后果。

申请人（签名）： 法定代表人（负责人或业主）（签名）：

年 月 日

指定（委托）书

兹指定（委托）____李××____（代表或代理人姓名）向市场监督管理部门办理（名称）上海×××餐饮有限公司____的食品经营许可申请相关手续。

委托事项及权限：

1. ☑ 同意 □ 不同意 核对申请材料中的复印件并签署核对意见；
2. ☑ 同意 □ 不同意 修改自备材料中的填写错误；
3. ☑ 同意 □ 不同意 修改有关表格的填写错误；
4. ☑ 同意 □ 不同意 领取《食品经营许可证》和有关文书；
5. 其他委托事项及权限（请详细注明）：________________

指定或者委托的期限：自2021年××月××日至2021年××月××日

指定代表或委托代理人签字：____李××________________

指定代表或委托代理人联系方式：固定电话________________

移动电话________________

指定（委托）人签字或加盖公章：张××

2021年××月××日

备注：1. 指定（委托）人是指申请人。申请人是法人和经济组织的由其盖章；申请人是自然人的由其本人签字或盖章。

2. 委托事项及权限，由指定（委托）人选择“同意”或“不同意”，并在□中打√；第5项按授权内容自行填写。

指定代表或委托代理人身份证明复印件粘贴处（略）。

任务 2　一网通经营许可申请

一、技能目标

1. 食品经营许可证申请流程。
2. 智慧监管“一网通办”经营许可申请。
3. 资料整理与文本撰写能力。

二、理论准备

1. 食品经营许可认证相关知识。
2. 《上海市食品经营许可管理实施办法》。
3. 徐汇区食品经营许可“一网通办”办事指南。

三、实训内容

1. 任务发布

模拟完成“一网通办”经营许可申请。

2. 任务实施

（1）讨论任务，仔细阅读徐汇区食品经营许可“一网通办”办事指南（表 1-1）和申请材料明细（表 1-2）。

（2）根据任务 1 中填写的申请书，模拟完成一网通食品经营许可申请。

表 1-1　徐汇区食品经营许可“一网通办”办事指南

权利来源	法定本级行使	办理形式	窗口办理、网上办理、快递申请
是否支持预约办理	支持	是否支持网上支付	不支持
是否支持物流快递	支持	是否支持自助终端办理	支持
计算机端是否对接单点登录	是	中介服务	无中介服务
数量限制	无数量限制	运行系统	市级
是否网办	是	到现场次数	0 次
日常用语	无		
事项分类	准营准办		
审批对象	拟在本市从事食品经营的单位和个人		

（续表）

权利来源	法定本级行使	办理形式	窗口办理、网上办理、快递申请
网上办理深度	网上咨询、网上收件、网上预审、网上受理、网上办理，网上办理结果信息反馈，网上电子证照反馈		
适用范围	适用于徐汇区《食品经营许可证》的申请和办理		
审批条件	新办的申请条件 1．准予批准的条件：（1）具有与经营的食品品种、数量相适应的食品原料处理和食品加工、销售、贮存等场所，保持该场所环境整洁，并与有毒、有害场所以及其他污染源保持规定的距离；（2）具有与经营的食品品种、数量相适应的经营设备或者设施，有相应的消毒、更衣、盥洗、采光、照明、通风、防腐、防尘、防蝇、防鼠、防虫、洗涤以及处理废水、存放垃圾和废弃物的设备或者设施；（3）依法经食品安全知识培训并考核合格的专职或者兼职的食品安全管理人员；大型及以上饭店、学校和托幼机构食堂、供餐人数 500 人以上的机关及企事业单位食堂、集体用餐配送单位、中央厨房、从事团体膳食外卖的餐饮服务经营者应当配备专职食品安全管理人员；（4）具有保证食品安全的规章制度；（5）具有合理的设备布局和工艺流程，防止待加工食品与直接入口食品、原料与成品交叉污染，避免食品接触有毒物、不洁物；（6）产生餐厨废弃油脂的餐饮服务提供者安装符合要求的油水分离器；（7）各类饭店、饮品店（包括饭馆、咖啡馆、酒吧、茶座）具有保证公共场所卫生的规章制度，保持就餐场所的空气流通，卫生间具有独立排风系统，符合公共场所卫生要求；（8）法律、法规规定的其他条件。2. 不予批准的情形：申请食品经营许可，有不符合审批条件“新办的申请条件 1. 准予批准条件”的		
审批内容	审查申请人是否符合《食品经营许可管理办法》（国家食品药品监督管理总局令第 17 号　根据 2017 年 11 月 7 日国家食品药品监督管理总局局务会议《关于修改部分规章的决定》修正）、《食品经营许可审查通则（试行）》（食药监食监二〔2015〕228 号），以及《上海市食品经营许可管理实施办法》（沪市监规〔2019〕1 号）等规定的要求		
权限划分	上海市各区市场监管局在法定职责范围内负责实施辖区内食品经营许可		
受理条件	申请材料齐全，符合法定形式，具体见申请材料目录		
申请材料	填报须知 申报材料应当使用中文，根据外文资料翻译的申报资料，应当同时提供原文。 形式标准 1. 申报资料按申请书载明的顺序排列，并附行政许可申请材料目录； 2. 申请书外所附资料应当用 A4 规格纸张打印（平面布置图、政府及其他机构出具的文件原件除外），外文资料应当附有中文译文； 3. 申请材料的复印件应清晰，所有材料应逐页加盖申请人印章或逐页由法定代表人（或负责人）签章，复印件还需注明“与原件一致”； 4. 申请表中各项内容填写清晰、明了，与实际情况一致。材料应当完整、清晰、准确，涂改处应当盖章或签名		
申请文书名称	《食品经营许可申请书》		

表 1–2 申请材料明细表

材料名称	来源渠道	来源渠道说明	材料类型	纸质材料份数	材料形式	材料必要性	备注
食品经营许可申请书	申请人自备	申请人	原件	1	纸质或电子	必要	使用钢笔、水笔填写；填写内容完整、清晰、准确、涂改处有盖章或签名；食品经营场所面积按场所分开填写、分项合计面积与总面积匹配；主要设施填写完整
营业执照复印件，或者其他主体资格证明文件（尚未取得的为主管部门同意设立文件）	政府部门核发	工商行政管理部门或主管部门	复印件	1	纸质或电子	必要	营业执照可通过电子证照库调取，事业单位法人证书提交原件及复印件
与食品经营相适应的主要设备设施布局、操作流程文件	申请人自备	申请人	原件	1	纸质或电子	必要	应当标明用途、面积、尺寸、比例、人流、物流、设备设施位置；示意图比例尺寸基本合理
利用自动售货设备从事食品销售应提交的材料	申请人自备	申请人	复印件	1	纸质或电子	必要	办理利用自动售货设备从事食品销售的申请人需要提交本材料。自动售货设备的产品合格证明、具体放置地点，经营者名称、住所、联系方式、食品经营许可证的公示方法等材料

四、参考评价

“一网通办”网络操作流程准确，能够进行演示和操作流程的解说。

[实训材料]

食品经营许可证全程网办图文版操作流程

一、登录网址（https://zwdt.sh.gov.cn/govPortals）

二、选择徐汇区

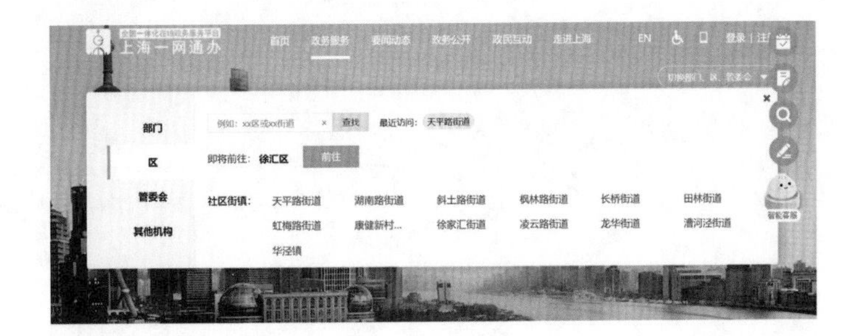

三、下拉→按部门查找→徐汇区市场监督管理局→第二页选择食品经营许可

四、选择新办→使用电子营业执照登录→法人或者被授权人使用电子营业执照扫描登录

五、根据企业情况填写表格

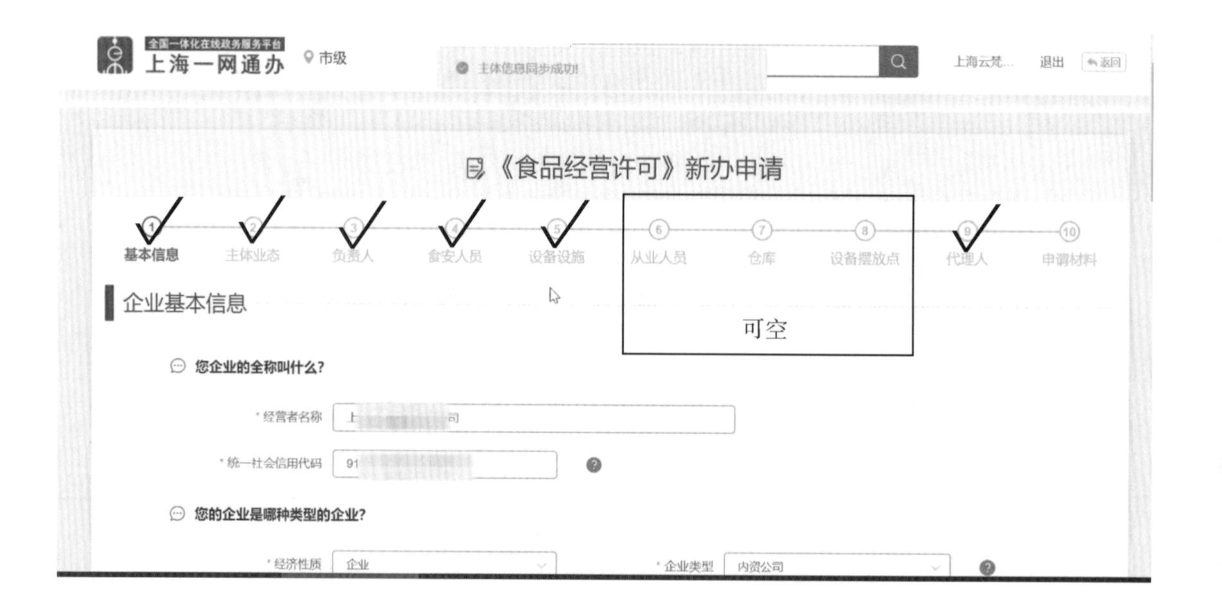

六、材料上传

第十项申请材料界面，下载申请书，上传 PDF 版本的图纸、授权书、操作流程图（注：一个项目只能上传一份材料，所以图纸和操作流程图请合成在一份 PDF 文件中）。

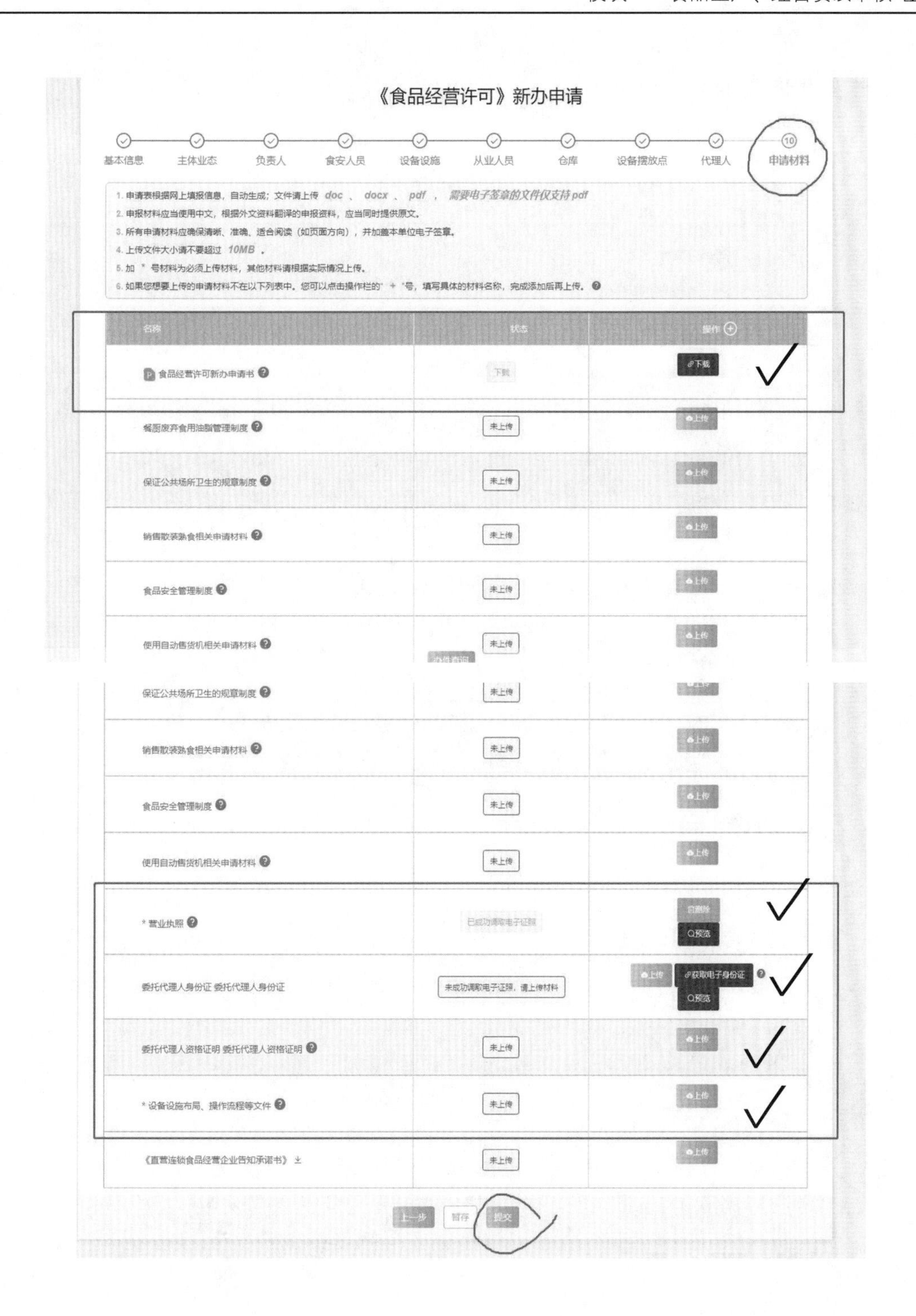

注：勾选项目需要下载、获取、上传，其他未勾选项目可以忽略，操作完成后提交，网上预审结束。

七、办件查询

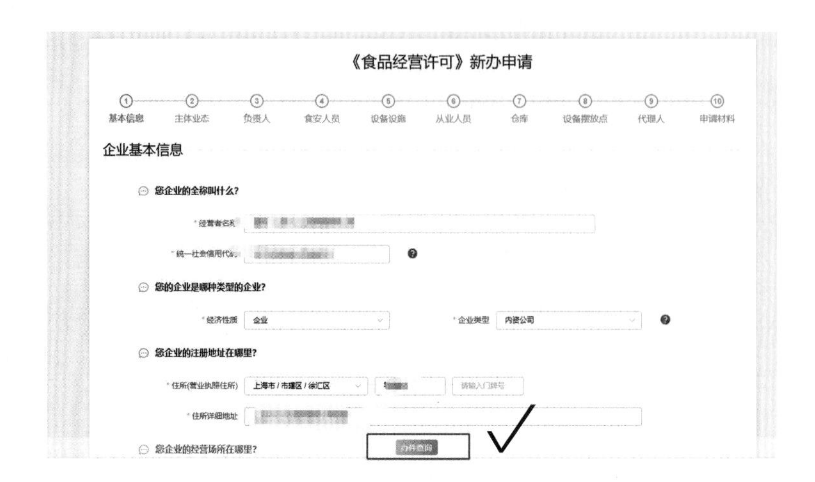

提交成功后，审核系统内预审通过，方可开始电子签章。

模块二
食品生产、经营过程审核

项目一　食品生产过程审核

任务 1　月饼虚拟仿真实训

一、技能目标

月饼生产虚拟仿真操作。

二、理论准备

月饼生产质量控制要求。

三、实训内容

1. 任务发布

安装月饼生产安全管理虚拟仿真教学系统，完成虚拟仿真中的任务（表 2-1）。

表 2-1　虚拟仿真系统各模块考核点

模块名称	考核点步骤
厂区漫游模块	厂区选址
	厂区环境
车间漫游模块	清洁区的选择
	虫害预防
原料验收模块	小麦面粉验收
	小麦面粉危害分析
	烤焙油验收
	烤焙油危害分析
	牛奶危害分析
	奶粉危害分析
	糖浆验收
	鲜鸡蛋验收
	馅料验收
	碱粉验收
	内包材料危害预防

（续表）

模块名称	考核点步骤
卫生操作模块	更衣室挡鼠板标准
	更衣室操作
	员工装饰物
	洗手间操作
	洗手间消毒液
	风淋室
生产工艺模块	领取配料
	脱包间操作
	添加剂知识
	物品传递窗
	原辅料配置的危害预防
	配制碱水
	粉料筛选
	皮料配制
	馅料配制
	和面、调制的危害预防
	静置
	月饼成型
	包制成型、置盘危害分析
	烤箱的时间、温度设置和月饼中心温度
	刷蛋
	蛋液加工
	烘烤/刷蛋
	二次烘烤
	烘烤危害预防
	二次更衣室
	二次洗手间
	冷却间温度
	月饼冷却危害分析
	冷却危害预防
	安全操作
	包装危害预防
	月饼检查挑选
	脱氧剂验收
	包材验收
	金属探测
	装袋、脱氧剂、封口
	金属检查危害预防
	月饼入盒入箱
	月饼入盒入箱检查
	装盒（箱）知识
	月饼存储
	成品储运

2. 任务实施

（1）网址及账号注册

网址：http：//vr. lanhongedu. cn.

（2）操作流程

具体操作流程详见实训材料。

四、参考评价

（1）厂区漫游模块主要考查厂区地址和环境的选择。

（2）车间漫游模块主要考查清洁区的选择和虫害防治的要求。

（3）原料验收模块主要考查各原材料验收的关键控制点。

（4）卫生操作模块主要考查更衣室挡鼠板标准、更衣室操作、员工穿着要求、洗手间操作、洗手间消毒液配置、风淋室操作等环节。

（5）生产工艺模块主要考查从领取原料到成品储运各个环节的关键操作点。

[实训材料]

月饼生产安全管理虚拟仿真实训操作流程

一、进入网址后点击“月饼生产安全管理”进入月饼项目详情页

二、点击“进入实验”按钮弹出链接框，点击链接框开始实验

三、进入月饼虚拟仿真页面，点击“下载仿真实验”按钮下载实验

下载完成后进行安装，安装完成后点击“进入实验”按钮进入实验。

四、进入月饼虚拟仿真实验后选择相应的模式开始实验

五、进入实验模块

1. 车间漫游模块。学习厂区选址和厂区环境知识。

2. 车间漫游模块。学习车间清洁区和虫害预防知识。

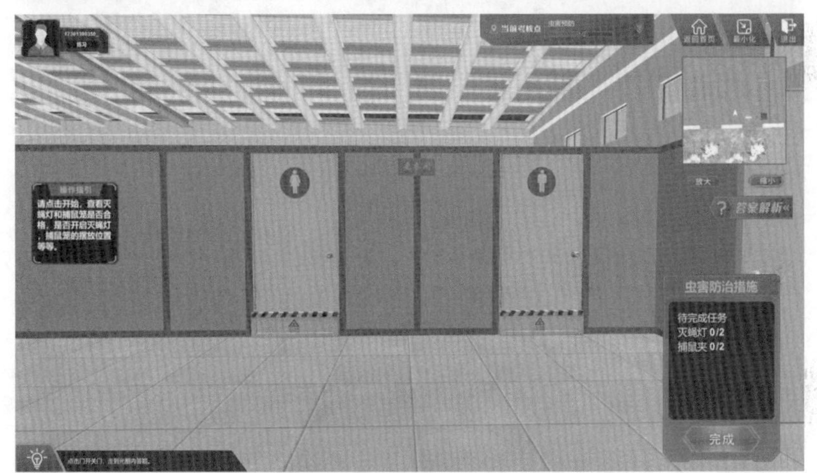

3. 原料验收模块。学习原料验收的内容。

4. 食品企业卫生操作规范。进行食品企业卫生安全操作规范的学习。

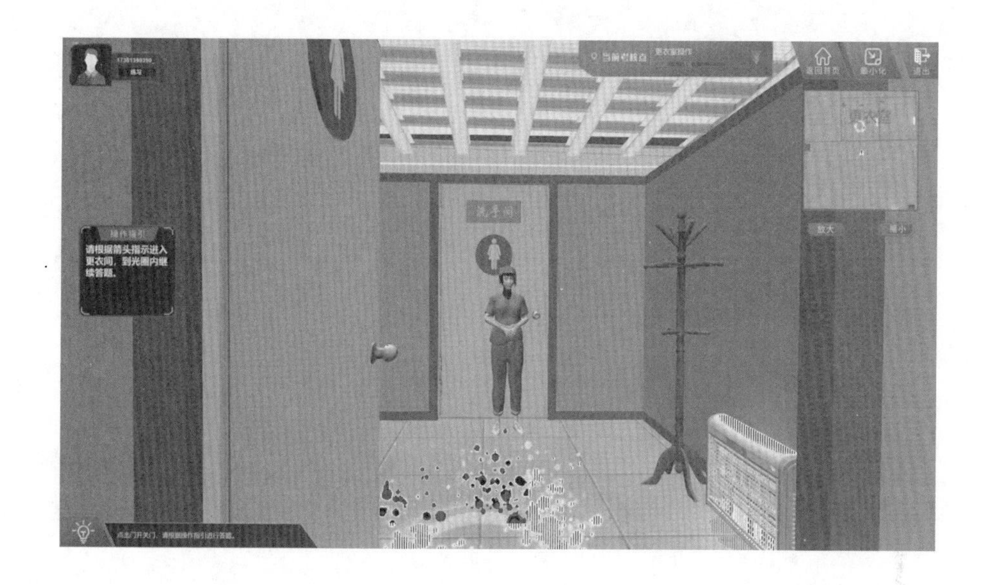

5. 月饼生产工艺模块。学习月饼生产工艺的相关知识。

项目二　餐饮服务经营审核

任务1　模拟开展餐饮经营过程自查

一、技能目标

1. 餐饮经营检查内容、检查项目。
2. 餐饮经营检查规程、重点注释。

二、理论准备

上海市《食品安全监督检查标准规程（餐饮）》A部分。

三、实训内容

1. 任务发布

国家市场监督管理总局 第60号令 要求企业落实食品安全主体责任，完善各项制度，请你作为食品安全管理员制定一份餐饮店检查表。

2. 任务实施

《食品安全监督检查标准规程（餐饮）》作为审核的一份重要文件，请仔细阅读，并参考其中的内容制定一份餐饮店检查表。

四、参考评价

检查表制定主要考核要点：

（1）能够根据材料完成一份检查表。

（2）检查表内容完整。

（3）审查要点准确。

[实训材料]

食品安全监督检查标准规程（餐饮）

Catering Food Safety Inspection Standard Operation Procedure

(CFSI-SOP)

(A)

A1 许可证照

检查内容	检查项目			检查规程	重点注释
A1 许可证照	A101	亮证经营	A1011	【许可亮证】查看许可证是否悬挂或摆放在店堂醒目位置	①悬挂或摆放于店堂醒目处，顾客进入店堂即可见；位置高度应便于检查人员实施查验。 ②宜与《营业执照》统一摆放。 ③许可证为复印件的，应加盖单位公章
			A1012	【监督公示】查看是否张贴监督公示牌。脸谱标识是否真实，是否能醒目易见	①张贴于店门口或收银台等醒目处，便于顾客在店门外或进门即可见；位置高度应便于检查人员查验和扫描二维码。 ②可登录 http：//spzf. smda. gov. cn/核实脸谱
	A102	证照有效	A1021	【证照一致】查看许可证与营业执照内容是否一致。查看店招名、广告牌是否明显存在违规行为	①重点核对内容包括：单位名称、经营地址、法定代表人（负责人或业主）、经营类别、备注项目。 ②店招名、广告牌或菜单不得违反有关法律法规、社会公序良俗或可能对公众造成欺骗或者误解的广告用语。如“野味”“狗肉”“河豚”等
			A1022	【地址相符】查看实际经营地址是否与许可证核定地址相符合	
			A1023	【核查效期】查看许可证是否在有效期限内	①正式《餐饮服务许可证》有效期为 3 年。 ②临时《餐饮服务许可证》有效期不超过 6 个月
			A1024	【验证真伪】查看许可证真伪，可登录许可信息平台查询相关信息	①餐饮许可信息平台 http：//spxk2. smda. gov. cn。 ②中央厨房应核查《餐饮服务许可证》附页规定的“加工制作即食食品品种”

（续表）

检查内容	检查项目			检查规程	重点注释
A1 许可 证照	A103	经营范围	A1031	【核准类别】查看实际经营情况是否符合许可类别	对照许可证标明的经营类别予以核对
			A1032	【经营品种】查看菜单、观察供餐品种，核对其经营类别是否在许可证核准范围内（备注栏）	①许可证备注栏加注“含熟食卤味”“含裱花蛋糕”“含生食海产品”的，方可经营上述品种。 ②应按备注栏加工或经营的：“单纯火锅”“单纯烧烤”“全部使用半成品加工”
			A1033	【供餐数量】查看餐位数、配送单，询问供餐量，核对是否符合核定供餐量	①集体用餐配送单位《餐饮服务许可证》备注栏中加注：“××人份/餐次”。 ②许可档案内可查询学生食堂申请核定的供餐人数

A2 机构人员

检查内容	检查项目			检查规程	重点注释
A2 机构人员	A201	聘用培训	A2011	【管理人员】检查询问是否设置食品安全管理机构并配备食品安全管理人员，并告知企业落实食品安全管理职责。检查食品安全管理人员是否在岗	①大型及以上饭店、学校食堂、供餐人数 500 人以上的集体食堂、连锁餐饮总部、集体用餐配送单位、中央厨房应设置食品安全管理机构并配备专职食品安全管理人员。 ②其他餐饮单位的食品安全管理人员可兼职
			A2012	【禁聘人员】检查询问是否聘用禁聘人员	①被吊销证的单位，其直接负责的主管人员自处罚决定作出之日起 5 年内不得从事食品生产经营管理工作，食品生产经营者不得聘用其从事管理工作
			A2013	【培训考核】抽查相关人员是否取得有效培训合格证，或登录平台查询是否真实有效（http://sppx.smda.gov.cn）	①专职食品安全管理员 A1 类培训合格证明。 ②厨师长、兼职食品安全管理员 A2 类培训合格证明。 ③负责人 B 类培训合格证明。 ④关键环节操作人员 C 类培训合格证明。包括原料采购人员、厨师、分餐人员、专间操作人员、餐饮具消毒人员、餐饮主管人员。 ⑤原 A1、A2、A3 培训合格证从 2012 年 9 月 12 日计算起 3 年内继续有效
			A2014	【内部培训】检查询问是否对职工开展食品安全知识培训；抽查询问关键环节操作人员是否掌握食品安全知识；检查询问是否建立培训制度并抽查内部培训记录；并告知企业落实食品安全培训工作	①新参加工作及临时参加工作的从业人员，应参加食品安全培训，合格后方能上岗。 ②食品安全管理人员原则上每年应接受不少于 40 h 的餐饮服务食品安全集中培训
	A202	健康管理	A2021	【健康证明】检查告知是否建立健康检查制度，抽查从业人员健康档案。并告知企业落实健康管理职责。抽查从业人员是否取得有效健康证，可登录平台查询（http://www.jkz.sh.cn）	①食品生产经营人员（包括新参加和临时参加工作的人员）取得健康证明后方可参加工作。 ②每年进行健康检查，取得健康合格证明后方可参加工作

（续表）

检查内容	检查项目			检查规程	重点注释
A2 机构 人员	A202	健康管理	A2022	【动态健康】询问是否有“五病”人员上岗。告知企业发现“五病”人员应调离。检查询问是否落实关键岗位从业人员晨检制度。告知企业发现有碍食品安全病症人员应停止上岗	①患有痢疾、伤寒、甲肝、戊肝等消化道传染病，以及患有活动性肺结核、化脓性或者渗出性皮肤病等有碍食品安全疾病的人员，不得从事接触直接入口食品的工作。 ②食品生产经营者应建立每日晨检制度，有发热、腹泻、皮肤伤口或感染、咽部炎症等有碍食品安全病症的人员，应立即离开工作岗位，待查明原因并将有碍食品安全的病症治愈后，方可重新上岗
	A203	个人卫生	A2031	【衣帽口罩】抽查在岗从业人员是否穿戴清洁的工作衣帽，头发是否外露。专间操作人员是否穿戴非专用工作衣帽和口罩	①工作服（包括衣、帽、口罩）宜用白色或浅色布料制作，专间工作服宜从颜色或式样上予以区分。 ②工作服应定期更换，保持清洁。接触直接入口食品的操作人员的工作服应每天更换。从业人员上厕所前应在食品处理区内脱去工作服。待清洗的工作服应远离食品处理区。 ③专间操作人员进入专间时，应更换专用工作衣帽并佩戴口罩，操作前应严格进行双手清洗消毒，操作中应适时消毒。不得穿戴专间工作衣帽从事与专间内操作无关的工作
			A2032	【手部卫生】抽查从业人员双手是否留长指甲、涂指甲油、佩戴饰物；必要时进行 ATP 快速检测，检测值≤30RLU 为良好，检测值≤100RLU 为可接受，检测值>100RLU责令重新清洗消毒	①食品生产经营人员操作前手部应洗净，操作时应保持清洁，手部受到污染后应及时洗手。 ②接触直接入口食品前，手部还应进行消毒。 ③ATP 快检是检测物体表面上的细菌或其他微生物以及食物残留物中所含的总 ATP（三磷酸腺苷）活性，可用来评价物体表面清洁度
			A2033	【行为卫生】检查食品处理区内是否放置私人物品，地面是否有烟蒂	①不得在食品处理区内吸烟、饮食或从事其他可能污染食品的行为。进入食品处理区的非操作人员，应符合现场操作人员卫生要求。 ②非食品从业人员随意出入专间或专用场所

A3 设置布局

检查内容	检查项目			检查规程	重点注释
A3 设置布局	A301	场所设置	A3011	【周边环境】查看和询问经营场所 25m 内是否有因环境改变导致的污染，必要时可询问周边人员	①有碍食品卫生的污染源：非水冲式公共厕所、粪坑、污水池、暴露垃圾场（站、房）等污染源，以及粉尘、有害气体、放射性物质、圈养、宰杀活禽牲畜类动物和其他扩散性污染源。 ②有建筑围护结构、使用流动水冲洗的公共厕所不属于有碍食品卫生的污染源。 ③某些生产加工厂可能产生有毒有害粉尘，进入食品经营场所造成污染。例如，家具厂、农药厂、石材切割厂、喷漆厂、汽车修理厂等
			A3012	【加工场所】查看设置的食品加工操作功能场所是否改动或是否满足加工供应需要，各场所是否均设在室内。如发现可疑，可查阅发证档案核对原始图纸	①全部使用半成品原料的可不设置粗加工场所；单纯经营火锅、烧烤的可不设置烹饪场所。 ②中型以上饭店、供餐 300 人以上学校食堂、供餐 500 人以上集体食堂必须单独设置餐用具清洗消毒间。 ③大型饭店、供餐 500 人以上的集体单位食堂必须单独设置粗加工、切配及烹饪场所
			A3013	【专间】查看供应品种，核查是否配有相应的专间或专用场所	专间：是指处理或短时间存放直接入口食品的专用操作间，为独立隔间，内应设有专用工具、容器、清洗消毒设施和空气消毒设施。包括裱花专间、凉菜间、盒饭分装专间、备餐专间。水果也可在专间加工制作
			A3014	【专用场所】查看供应品种，核查是否配有相应的专间或专用场所	①加工供应以下品种应设置专用场所：生食海产品、现榨饮料、水果拼盘。 ②专用场所与专间区别在于，专用场所可以为非独立隔间，但场所属于专用，一般没有空气消毒、温度控制设备

（续表）

检查内容	检查项目			检查规程	重点注释
A3 设置布局	A302	场所布局	A3021	【场所面积】核查是否有缩小食品处理区面积，是否有增加就餐场所面积的情况。如发现可疑，可查阅发证档案核对原始图纸	食品处理区面积与就餐场所面积比规定见 C1。 食品处理区：食品的粗加工、切配、烹调和备餐场所、专间、食品库房（包括鲜活水产品中储存区）、餐用具清洗消毒和保洁场所等区域
			A3022	【生进熟出】检查加工操作场所布局是否符合“生进熟出”的单一流向	生进熟出的单一流向依次为：原料进入、粗加工、切配、烹调、分装或备餐、成品出口。其中，大中型饭店成品出口与原料入口通道应分开，成品出口与餐具回收通道应分开

A4 设施设备

检查内容	检查项目			检查规程	重点注释
A4设施设备	A401围护设施	地面	A4011	【地面材质】查看粗加工、切配、烹饪等食品处理区的地面是否用无毒、无异味、不透水、耐腐蚀的材料铺设，并有一定坡度	①地面应铺设地砖、红钢砖等不易破损，便于清洗、防滑的地坪。 ②为便于排水，需经常冲洗的地面应有一定坡度（不小于1.5%），其最低处应设在排水沟或地漏的位置。 ③检查时以是否有积水来判定坡度是否符合要求
				【地面卫生】查看粗加工、烹饪、餐饮具清洗等食品处理区地面是否平整，有无破损、积水、积存污垢及废弃物残渣	①食品处理区的地面需经常清洗，保持清洁，不着地堆放食品、乱扔废弃物等。 ②为防止食品受到环境污染，专间等清洁要求较高的操作场所地面应定期消毒
		排水	A4012	【排水系统】检查粗加工、切配、烹饪餐饮具清洗等场所是否设有排水系统；排水沟是否有坡度，保持畅通	①排水沟应有坡度、保持通畅、便于清洗。 ②沟内不应设置其他管路，侧面和地面接合处应有一定弧度。 ③检查时以排水是否畅通判定是否符合要求
				【排水流向】检查排水系统的流向是否由高清洁区流向低清洁区，并有防止污水逆流的设计	①专间等清洁操作区内不得设置明沟。 ②地漏应能防止废弃物流入及浊气逸出。 ③检查时以清洁区是否有污水判定是否符合要求
				【盖板网罩】检查排水沟是否有可拆卸的盖板，出口处有金属网罩	排水沟设有可拆卸的盖板，出口处应有网眼孔径小于6mm的金属隔栅或网罩，以防鼠类侵入
		墙壁	A4013	【墙壁材质】检查食品处理区的墙壁是否采用无毒、无异味、不透水、不易积垢、平滑的浅色材料构筑	粗加工、切配、烹饪和餐用具清洗消毒等需经常冲洗场所的墙壁，为便于清洁，需设置1.5m以上的易清洗墙裙
				【墙裙设置】检查粗加工、切配、烹饪和清洗消毒等需经常冲洗的场所及易潮湿的场所是否有易清洗的墙裙	①墙裙应光滑，可使用瓷砖、合金材料等易清洗材质。 ②各类专间的墙裙，为便于清洁，应铺设到墙顶
				【墙壁卫生】检查粗加工、切配、烹饪等场所的墙裙瓷砖是否有脱落、破损；烹饪等场所的墙壁是否有霉斑、积油腻、污垢	围护结构的各个平面之间的结合处（地面和墙面、墙面和天花板），宜采用弧形结构，避免污垢在死角处积聚

（续表）

检查内容	检查项目			检查规程	重点注释
A4 设施设备	A401 围护设施	门窗	A4014	【门窗结构】检查室内窗台是否下斜45°或采用无窗台结构。查看食品处理区的门、窗是否装配严密；与外界直接相通的门和各类专间的门是否能自动关闭；与外界直接相通的门和可开启的窗是否设有防蝇纱网或空气幕	①窗台是室内易于积聚灰尘的地方，为减少灰尘的积聚，宜不设室内窗台或采用向内侧倾斜的形式。 ②需经常冲洗，易潮湿场所和各类专间的门应采用易清洗、不吸水的材料（如塑钢、铝合金）。 ③自助餐及非专间方式备餐的快餐店和食堂，朝向就餐场所窗户应为封闭式或装有防蝇防尘设施，门应设有空气幕等设施。 ④专间内外食品传送应设置可开闭的传递窗。 ⑤检查时可以以是否积灰来判定
				【卫生状况】检查门窗、防蝇纱网等设施是否有破损、发霉和变形；空气幕是否能正常使用	①门与地面的空隙应不超过6mm，门的下边缘以金属包覆，以防老鼠啃咬后进入。 ②不宜使用未经油漆的木质门，以免使用后因受潮引起发霉和变形
		天花板	A4015	【天花板材质】查看食品处理区天花板是否采用无毒、无异味、不吸水、不易积垢、表面光洁、耐腐蚀、耐温、浅色材料涂覆或装修；天花板与横梁或墙壁结合处是否有一定弧度	①加工场所天花板的设计应易于清扫，能防止害虫隐匿和灰尘积聚，避免长霉或建筑材料脱落等情形发生。 ②烹饪场所天花板离地面宜2.5m以上，小于2.5m的应采用机械排风系统，有效排出蒸汽、油烟、烟雾等
				【吊顶设置】查看食品处理区及其他半成品、成品暴露场所，屋顶若为不平整的结构或有管道通过，是否加设了平整易于清洁的吊顶	①吊顶应采用铝合金、不锈钢等不易吸附水汽的材质。 ②在水汽较多场所设置的吊顶，应封闭吊顶材料之间的缝隙，避免水汽通过缝隙进入，导致吊顶内部霉变
				【卫生状况】检查食品处理区天花板是否有脱落、变形、霉斑、积油腻、污垢；在烹饪等场所是否有凝结水滴落	水蒸气较多场所（如蒸箱、烹饪等场所）的天花板应有适当坡度，在结构上减少凝结水滴落
		通风排烟	A4016	【排风设施】检查烹饪场所是否采用机械排风设施并能满足需要	①产生油烟的设备上方应加设附有机械排风及油烟过滤的排气装置，过滤器应便于清洗和更换。 ②产生大量蒸汽的设备上方应加设机械排风排气装置，宜分隔成小间，防止结露并做好凝结水的引泄
				【通风状况】查看食品处理区是否保持良好通风并及时排出潮湿和污浊的空气	通风口应装有易清洗、耐腐蚀并可防止有害动物侵入的网罩

（续表）

检查内容	检查项目			检查规程	重点注释
A4 设施设备	A402 工用具、容器和设备	设备配置	A4021	【配置数量】查看、询问配备的工用具容器设备是否能满足加工需要	工用具容器设备主要包括在食品加工、使用过程中直接接触食品或食品添加剂的工用具、容器、餐具、机械设备等
				【接触表面】查看工用具容器设备是否便于清洗消毒	接触食品的设备、工具和容器与食品的接触面应平滑、无凹陷或裂缝，不使用木质材料（因工艺要求必须使用除外），易于清洗消毒
		设备材质	A4022	【材料性质】查看工用具容器设备的材质是否符合食品安全要求	接触食品的设备、工具、容器、包装材料应符合食品安全标准或要求
				【使用方法】查看工用具容器设备的使用方法是否正确	每个食品级塑料器皿，底部都有一个数字标识（一个带箭头的三角形，内有一个数字），不同数字分别代表不同的塑料材质及用途（参见 C3）
		设备标识	A4023	【区分标识】查看、询问不同用途的工用具容器设备是否有区分标识	用于原料、半成品、成品的工具和容器，以及原料加工中切配动物性食品、植物性食品、水产品的工具和容器，应有明显的区分标识，避免混用
				【定位存放】查看、询问不同用途的工用具容器设备是否分开定位存放	不同用途的工用具容器设备可采用不同的材质、不同的形状，或者在各类盛器标上不同的标记，或者直接标识生、熟、半成品的字样等方法进行区分，并定位存放
		卫生状况	A4024	【运转状态】查看工用具及容器设备是否完好	
				【区分使用】查看工用具容器设备是否按区分标识使用	用于原料、半成品、成品的工具和容器，以及原料加工中切配动物性食品、植物性食品、水产品的工具和容器，应按区分标识或采用不同材质、不同颜色、不同形状等方式予以区分使用，避免混用
				【清洗消毒】查看待用的工用具容器是否洗净、消毒，必要时可开展 ATP 快检和实验室抽检	工用具容器使用前应洗净，定位存放，保持清洁。接触直接入口食品的工用具容器应按照规定洗净并消毒

A5 食品检查

检查内容	检查项目			检查规程	重点注释
A5 食品检查	A501 食品、添加剂和相关产品	食品包装	A5011	【食品包装】检查预包装食品、食品添加剂和食品相关产品包装是否完整	注意鉴别气调包装、真空包装食品胀袋或漏气、罐头食品胖听和漏听现象。可参照附录 C4
		标签标识	A5012	【预包装标签】查看预包装食品、食品添加剂标签是否符合《预包装食品标签通则》（GB 7718）和《预包装食品营养标签通则》（GB 28050）标准以及相关地方食品安全标准要求	①预包装食品标签应符合《预包装食品标签通则》（GB 7718）、《预包装食品营养标签通则》（GB 28050）；预包装饮料酒还应符合《预包装饮料酒标签通则》（GB 10344），预包装特殊膳食用食品还应符合《预包装特殊膳食用食品标签通则》（GB 13432）等；可参照附录 C4。 ②中央厨房加工配送食品的最小使用包装或食品容器包装上的标签应标明加工单位、生产日期及时间、保存条件、保质期、加工方法与要求、成品食用方法等。中央厨房加工食品过程中使用食品添加剂的，应在标签上标明；非即食的熟制品种应在标签上明示“食用前应彻底加热”。 ③包装销售的农产品，应当在包装物上标注或者附加标识标明品名、产地、生产者或者销售者名称、生产日期。 ④获得合格农产品、绿色食品、有机农产品等认证的农产品，必须进行包装，但鲜活畜、禽、水产品除外，同时，应当标注相应标志和发证机构。 ⑤通过 http://www.cfda.gov.cn 查询加工产品证书编号 、企业名称、产品名称、生产地址、证书有效期（示例：2013-07-13）等信息。 ⑥食品包装材料、清洗剂、消毒剂标签内容是否齐全，是否有 QS 标志，QS 编号是否真实准确
				【散装食品标签】查看盛放散装食品的容器或货架上食品标识内容是否齐全	散装食品贮存应在散装食品的容器、外包装上标明食品的名称、生产日期、保质期、生产者名称及联系方式等内容

（续表）

检查内容	检查项目			检查规程	重点注释
A5 食品检查	A501 食品、添加剂和相关产品			【添加剂标签】查看标签是否符合《预包装食品标签通则》（GB 7718）标准要求。标签上载明“食品添加剂”字样	①标注使用范围、用量、使用方法，并在标签上载明“食品添加剂”字样。 ②其他要求参照同普通预包装食品标签要求。 ③食品添加剂生产许可证号是“XK”开头，普通食品或调味料是“QS”开头
		感官检查	A5013	【感官检查】检查食品品质，查看是否存在腐败变质、油脂酸败、霉变生虫、污秽不洁、混有异物、掺假掺杂或者感官性状异常	①透明容器包装食品，观察其中有无夹杂物下沉或絮状物悬浮。 ②食品色泽是否异常，是否霉变生虫、结块
		添加剂使用	A5014	【添加剂使用】食品添加剂贮存、使用和公示是否符合要求	①食品添加剂是否有专用台账。 ②是否配备必要的盛量工具。 ③食品添加剂使用是否符合相关标准，是否达到“五专”要求（专人采购、专人保管、专人领用、专人登记、专柜保存）。 ④自制火锅底料、自制饮料、自制调味料的餐饮服务单位按时、如实向所在地食品药品监管部门备案所使用的食品添加剂名称、使用量和使用范围，并在店堂醒目位置或菜单上予以公示。 ⑤餐饮单位不得采购贮存和使用亚硝酸盐。 ⑥核对食品添加剂的使用范围及使用量
	A502	违禁食品	A5021	【违禁食品】重点检查是否存在经营使用添加非食用物质、检验结果超标、过期食品、未检疫或检疫不合格、病死或死因不明畜禽和水产、有毒动植物，以及其他禁止食用品种	①根据《食品安全法》及《上海市人民政府关于禁止生产经营食品品种的公告》检查违禁食品。 ②核对卫建委发布的《既是食品又是药品的物品名单》。 ③看厨师烹饪用原料以及菜单上是否存在违禁食品以及有毒动植物原料。 ④询问可疑食品加工工艺，查找滥用食品添加剂、非食用物质或药物等异常问题。 ⑤参照附录 C4、C5 检查

A6 采购贮存

检查内容	检查项目			检查规程	重点注释
A6 采购贮存	A601 索证索票	资质证明	A6011	【资质证明】查看食品许可证、工商营业执照等资质证明，并核对证照有效期和经营范围等内容。必要时上网查询： 工商执照查询 https://www.sgs.gov.cn 生产许可证查询 http://www.cfda.gov.cn	①从生产企业或生产基地采购的，留存加盖公章的《营业执照》和《食品生产许可证》复印件。 ②批量或长期从流通经营单位（商场、超市、批发零售市场）采购的，以及从个体工商户采购的，留存加盖公章（或签字）的《营业执照》和《食品流通许可证》复印件。 ③从屠宰企业采购的，留存加盖公章的《营业执照》《定点屠宰证》复印件。 ④实行统一配送的，可以由餐饮服务企业总部统一查验、索取并留存供货方盖章（或签字）的许可证、营业执照、产品合格证明文件，建立采购记录。 ⑤从流通经营单位（商场、超市、批发零售市场等）少量或临时采购时，查验营业执照和食品流通许可证后，只需留存盖有供货方公章（或签字）的每笔购物凭证或每笔送货单
		合格证明	A6012	【合格证明】查看产品合格证明文件，包括检疫合格证、卫生证书、产品合格证、检测报告	①成箱或成批采购鲜冻畜禽肉的，留存加盖公章的由动物卫生监督部门出具的同批次动物产品检疫合格证；核对动物检疫合格证明（日期、数量、送达目的地等）以及道口盖章是否齐全。 ②从进口代理商采购的进口产品，留存加盖公章的由口岸食品监督检验机构出具的同批次产品食品检验合格证明；上海进口食品可登录上海出入境检验检疫局网站查询 http://www.shciq.gov.cn。 ③从生产企业或生产基地采购的，留存加盖公章的由检验机构或生产企业出具的该批次产品的检验合格报告或有合格证号的合格证
		采购凭证	A6013	【采购凭证】查看采购凭证，包括送货单据和购物凭证	①留存盖有供货方公章（或签字）的每笔购物凭证或每笔送货单。购物凭证应当包括供货方名称、产品名称、产品数量、送货或购买日期等内容。 ②按产品类别或供应商、进货时间顺序整理、妥善保管索取的相关证照、产品合格证明文件和进货记录，不得涂改、伪造，保存期限不得少于 2 年。 ③采购豆制品、非定型包装凉菜的，还应索取生产企业出具的该批次豆制品、熟食送货单
	A602	台账记录	A6021	【书面记录】询问、查看食品进货台账是否登记齐全，符合要求。 【溯源系统】必要时登录上海市餐饮食品安全溯源系统查看：http://spxc.smda.gov.cn	①采购记录应当如实记录产品的名称、规格、数量、生产批号、保质期、供应单位名称及联系方式、进货日期等。 ②鼓励建立电子台账登记记录。 ③现场可抽查部分重点产品进行核对

（续表）

检查内容	检查项目			检查规程	重点注释
A6 采购 贮存	A603	贮存场所	A6031	【防“四害”设施】检查是否用无毒、坚固的材料建成，且易于维持整洁，是否有防止“四害”侵入的装置	除冷冻（藏）库外的库房应有良好的通风、防潮、防鼠等设施
			A6032	【环境卫生】查看库房场所环境是否清洁	贮存场所应保持清洁，无霉斑、鼠迹、苍蝇、蟑螂等；不得存放有毒、有害物品及个人生活用品
			A6033	【贮存温度】查看库房制冷设备运转及维护情况。查看库房温度是否符合贮存食品温度要求。必要时监督员现场测量库房温度	①冷藏（冻）库房是否定期除霜、清洁和维修，以确保冷藏、冷冻温度达到要求并保持整洁。 ②冷藏温度0~10℃。冷冻温度-20~-1℃。 ③冷藏（冻）库房明显区分标识，设有外显式温度计并定期校验，以便于对冷藏（冻）库房内部温度的监测
	A604	食品存放	A6041	【分类分架】检查食品是否分类、分架存放，距离墙壁、地面均在10cm以上	①预包装食品等应该与散装食品原料（干货等）分区域放置。 ②散装食品应放置在食品级容器内并加贴生产日期、保质期等标识。 ③食品原料、食品添加剂使用遵循先进先出的原则。 ④原料、半成品、成品分开存放。 ⑤植物性食品、动物性食品和水产品分类摆放
			A6042	【有毒物品】检查食品与非食品、有毒有害物品是否混放，是否存放非法添加物质	①同一库房内贮存不同类别食品和物品的应区分存放区域，不同区域应有明显标识。 ②食品库房不得存放有毒有害物品，如农药、鼠药等剧毒物品
			A6043	【废弃物品】检查是否设置废弃食品暂存标识和区域，是否及时清理销毁变质和过期的食品原料及食品添加剂	
			A6044	【食品检查】参照A5和C4、C5检查	

A7 粗加工及切配

检查内容	检查项目			检查规程	重点注释
A7 粗加工切配	A701	清洗水池	A7011	【水池配置】查看是否有足够的畜禽肉类食品、植物性食品、水产品清洗水池	畜禽、水产品、植物性食品原料往往带菌不同，加工烧制方法不同，故水池应分开设置，以免交叉污染
			A7012	【标识区分】查看水池是否标识区分，实际用途与标识是否相符合	
	A702	操作过程	A7021	【加工过程】查看粗加工、切配、存放过程是否符合要求	①剔除不可食用部分。 ②不得着地放置或靠近污染源放置。 ③未清洗原料分开存放并分类存放。 ④易腐半成品应及时冷藏。 ⑤冷冻品建议采用冷藏或流动水解冻
			A7022	【工具卫生】检查工用具是否清洁，是否定位存放，有明显的区分标识并区分使用	
			A7023	【垃圾清理】检查是否配置厨余垃圾容器且是否加盖。厨余垃圾是否及时收集及清理	
			A7024	【食品检查】参照 A5 和 C4、C5 检查	
	A703	场所设置	A7031	参照 A3	
	A704	设施设备	A7041	参照 A4	

A8 烹饪加工

检查内容	检查项目			检查规程	重点注释
A8 烹饪加工	A801	加工过程	A8011	【烧熟煮透】查看食品热加工过程是否符合要求，是否烧熟煮透。必要时感官检查或测温	①鱼、肉类动物食品、块状食品、有容器存放的液态食品的中心温度不低于70℃。 ②使用中心温度计测量，中心温度不低于70℃。 ③切开食品查看中心部位有无血水
			A8012	【煎炸油脂】查看煎炸油脂使用是否符合要求，必要时进行快速检测极性组分、酸价、过氧化值等指标	①参考标准：极性组分≤27%；过氧化值≤0.25g/100g（19.7meq/kg）；酸价≤3mg KOH/g。 ②极性组分指食用植物油经高温加热和反复使用后会产生某些物理极性较大且对人体有害的物质，如丙烯酰胺、多环芳烃、醛基和羰基物质等。 ③酸价是指中和1g油脂中游离脂肪酸所需的氢氧化钾的毫克数。酸价是脂肪中游离脂肪酸含量的标志，脂肪在长期保藏过程中，由于微生物、酶和热的作用发生缓慢水解，产生游离脂肪酸。 ④过氧化值表示油脂和脂肪酸等被氧化程度的一种指标。油脂氧化后生成过氧化物、醛、酮等。 ⑤煎炸油使用期限最长不得超过3天；连续煎炸食品的，累计使用期限不得超过12h。 ⑥不得以添加新油的方式延长食用油脂使用期限
			A8013	【菜肴装饰】查看菜品用的围边、盘花、雕刻等物品是否清洁新鲜、无腐败变质、是否有污染食品	
			A8014	【冷却冷藏】查看需要冷藏的熟制品冷却后是否及时冷藏	冷却应在清洁操作区进行，并标注加工时间
			A8015	【垃圾清理】检查是否配置厨余垃圾容器且是否加盖。厨余垃圾是否及时收集及清理	①烹饪区应设有厨余垃圾容器，厨余垃圾应及时清除。 ②清除后的容器应及时清洗，必要时进行消毒

（续表）

检查内容	检查项目			检查规程	重点注释
A8 烹饪加工	A802	食品存放	A8021	【时间控制】查看和询问食品烧熟后至食用前在 10 ~ 60℃ 条件存放是否超过 2h	超过 2h 的应在 10℃以下或 60℃以上条件下存放
			A8022	【防污措施】查看食品存放是否受到污染，防止冷凝水、灰尘、虫害、地面污物、照明设备及消毒剂、杀虫剂等污染食品及食品接触面	传递食品时应使用保鲜膜等防护食品免受污染的用品
			A8023	【分类存放】查看食品成品、半成品、原料是否分开，并根据性质分类存放	①冷藏、冷冻柜应定期除霜（蒸发器霜厚度不应超过 1 cm）、清洁和维修，校验温度（指示）计。 ②不得将食品堆积、挤压存放，食品保存应加盖或密闭保存。 ③有专用调味料容器并有明显标签，落市后能做到密闭保存，盛放调味料的器皿定期清洗消毒
			A8024	【食品检查】参照 A5 和 C4、C5 检查	
	A803	场所设置	A8031	参照 A3	查看是否具有合理的设施布局和工艺流程，必要时核对发证档案与目前烹饪场所现状进行比较
	A804	设施设备	A8041	参照 A4	产生大量蒸汽的设备上方应加设机械排风，还宜分隔成小间，防止结露并做好凝结水的引流

A9 专间操作

检查内容	检查项目			检查规程	重点注释
A9 专间操作	A901	硬件条件	A9011	【许可资质】查看许可证或登录许可平台查询核准经营备注项目（http://spxk2.smda.gov.cn/）	①专间是指处理或短时间存放直接入口食品的专用操作间，包括凉菜间、裱花间、备餐间、分装间等。 ②《餐饮服务许可证》备注项目中加注有“含熟食卤味”“裱花蛋糕”方可经营熟食卤味、裱花蛋糕。冰点心也应在裱花专间制作。中小学校、幼托机构的食堂不得制售凉菜。 ③裱花蛋糕是指以粮、糖、油、蛋为主要原料经焙烤加工而成的糕点胚，在其表面裱以奶油等制成的食品。 ④冰点心以稀奶油、植脂奶油、乳制品、鸡蛋、白砂糖为主要原料，冷藏或冷冻等工艺制成的含食用胶的即食食品，如提拉米苏、慕斯等。冰点心制作也应在专间内进行。可参见DB 31/2005—2012 冰点心了解其他要求
			A9012	【场所条件】检查预进间、操作专间场所面积、布局、流程是否存在改动迹象。检查设施设备和围护设施是否完好	①专间应独立隔间，面积与就餐场所面积和就餐人数相适应。凉菜间应占食品加工操作场所面积10%以上，凉菜间最小面积应大于5m^2。 ②专间应只设置一扇门，如有窗户应为封闭式。传送食品应通过可开闭的传递窗。 ③中型以上饭店、快餐店、学校食堂、供餐人数50人以上食堂、集体用餐配送单位、中央厨房应设置有洗手、消毒、更衣设施的通过式预进间。 ④预进间或专间入口洗手消毒设施附近应设有相应的清洗、消毒用品和干手用品或设施。员工专用洗手消毒设施附近应有洗手消毒方法标识。 ⑤专间不得有排水明沟
	A902	环境条件	A9021	【空气消毒】查看紫外线灯安装方位是否正确，数量是否足够。检查紫外线灯是否正常	①紫外线灯应按功率不小于1.5W/m^{3}设置，紫外线灯应安装反光罩，强度大于70μW/cm^2。专间内紫外线灯应分布均匀，悬挂于距离地面2m以内高度。 ②专间每餐（或每次）使用前应进行空气和操作台的消毒。使用紫外线灯消毒的，应在无人工作时开启30min以上

（续表）

检查内容	检查项目			检查规程	重点注释
A9 专间操作	A902	环境条件	A9022	【工用具消毒】检查专间是否配备工用具消毒液，必要时用余氯测试纸测试消毒液浓度是否符合要求	专间内消毒液主要用于消毒刀、砧板、勺子、筷子、抹布等工用具
			A9023	【手部消毒】查看专间内是否设置洗手消毒设施；必要时用余氯测试纸测试消毒液浓度是否符合要求	
			A9024	【环境温度】查看空调设施是否正常启动，查看专间温度计或用环境温度计测量专间温度是否控制在25℃以下	专间应设有独立的空调设施
	A903	加工过程	A9031	【食品感官】检查熟食品是否存在腐败变质或感官异常，询问熟食品加工时间；制作好的熟食品应尽量当餐用完	①剩余尚需使用的熟食品应存放于专用冰箱中冷藏或冷冻，食用前彻底再加热。 ②制作裱花蛋糕的裱浆、经清洗消毒的新鲜水果当天加工、当天使用
			A9032	【净水检查】查看净水设施设备是否正常使用；查看净水滤芯更换记录	凉菜间直接接触成品的用水，应通过符合相关规定的净水设施或设备净化过滤。中央厨房专间内需要直接接触成品的用水，应加装水净化设施
			A9033	【专人操作】询问或查看是否由专人加工制作	非专间人员不得擅自进入专间。不得在专间内从事与凉菜配制无关的活动
			A9034	【个人卫生】参照A203检查操作人员个人卫生。 注：该项如不符合计A203	
	A904	食品存放	A9041	【冰箱存放】查看是否有生食品存放专用冰箱，专用冰箱是否处于冷藏状态	成品及高风险半成品（如裱浆、蛋糕坯等）存放在冷藏冰箱内

（续表）

检查内容	检查项目			检查规程	重点注释
A9 专间 操作	A904	食品 存放	A9042	【防污措施】查看熟食品贮存是否存在交叉污染。专间内是否存放生食品、半成品等以及未经清洗的蔬菜水果	熟食品是否叠盆摆放，先前加工的，应用保鲜膜或密闭容器存放
			A9043	【备餐时间】对食堂、快餐店以及提供自助餐的，查看、询问了解膳食备餐时间和膳食温度是否符合要求，必要时可测量饭菜中心温度	①在烹饪后至食用前需要较长时间（超过 2h）存放的食品应当在高于 60℃或低于 10℃的条件下存放。 ②常温食品保存不超过 2h。 ③保存温度低于 60℃或高于 10℃、存放时间超过 2h 的熟食品，若无变质需再次利用的应充分加热
			A9044	【食品检查】参照 A5 和 C4、C5 检查	

A10 清洗消毒

检查内容	检查项目			检查规程	重点注释
A10 清洗 消毒	A1001	设施设备	A10011	【清洗设施】查看餐具、工用具清洗水池数量是否满足需要。查看清洗消毒水池是否专用	①采用化学消毒的，至少设有 3 个专用水池。采用人工清洗热力消毒的，至少设有 2 个专用水池。 ②餐用具清洗消毒水池应专用，与食品原料、清洁用具及接触非直接入口食品的工具、容器清洗水池分开
			A10012	【消毒设施】询问和查看采用何种消毒方式及是否配有相应的消毒设备设施，并是否能正常运转	①采用热力消毒的，配有蒸箱、煮沸炉、洗碗机、消毒柜等设备；采用化学消毒的，配有含氯消毒剂、碘消毒剂、季铵盐等消毒剂。 ②大型及以上餐饮单位必须使用洗碗机。 ③消毒设备、设施运转正常，处理能力满足供餐要求
			A10013	【保洁设施】询问和查看密闭保洁设施是否满足需要、标识清晰	应设专供存放消毒后餐用具的保洁设施，标识明显，其结构应密闭并易于清洁

（续表）

检查内容	检查项目			检查规程	重点注释
A10 清洗 消毒	A1002	（a） 餐具 卫生	A10021	【洗消过程】查看和询问餐用具清洗消毒过程是否规范，消毒温度、消毒药物浓度、消毒时间是否符合要求，可快检测定消毒药物浓度、消毒温度	①餐用具宜用热力方法进行消毒，因材质、大小等原因无法采用热力消毒的可采用化学消毒等方法。 ②煮沸、蒸汽消毒通常应保持 100℃ 10min 以上，红外线消毒通常是 120℃ 保持 10min 以上。 ③化学消毒有效氯浓度为 250mg/L（PPM），浸没浸泡 5min 以上。化学消毒后的餐用具应用净水冲去表面残留的消毒剂。 ④洗碗机消毒控制水温 85℃ 以上，冲洗消毒 40s 以上
			A10022	【餐具保洁】查看餐用具清洗消毒后是否存放在指定的清洁保洁柜中。查看待用餐用具是否清洁，必要时用 ATP 检测仪快速检测待用餐用具或抽检待用餐用具送检	①餐用具使用后应及时洗净，定位存放，保持清洁。已消毒和未消毒的餐用具应分开存放，保洁设施内不得存放其他物品。 ②物理消毒（包括蒸汽、煮沸等热消毒）：食（饮）具必须表面光洁、无油浸、无水渍、无异味。化学（药物）消毒：食（饮）具表面必须无泡沫、无洗消剂的味道，无不溶性附着物。 ③待用餐用具 ATP≤30 RLU 为良好，ATP≤100 RLU 为可接受，ATP>100 RLU 责令重新清洗消毒。 ④待用餐用具有食物残渣或油脂可能引起 ATP 数据异常
		（b） 集中 消毒 餐具	A10023	【执照证明】查看和询问餐具索证索票是否齐全	购置、使用集中消毒企业供应的餐用具应当查验其经营资质营业执照、索取每批次产品消毒合格证明
			A10024	【餐具包装】检查餐饮具包装是否破损，是否在保质期内	
			A10025	【餐具卫生】感官查看餐具是否清洁。必要时用 ATP 检测仪快速检测待用餐用具或抽检待用餐用具送检	

A11 食品留样

检查内容	检查项目			检查规程	重点注释
A11 食品 留样	A1101	(a) 留样 制度	A11011	【制度落实】查看是否按规定落实食品留样制度	①学校食堂（含托幼机构食堂）、超过 100 人的建筑工地食堂、集体用餐配送单位、中央厨房，重大活动餐饮服务和超过 100 人的一次性聚餐，每餐次的食品成品应留样。 ②倡导所有集体食堂开展食品留样工作
		(b) 留样 设施	A11012	【留样冰箱】检查是否配有专用的留样设施，包括留样冰箱、取样工具	①食品留样冰箱应为标识有食品留样字样的专用冷藏设施。冷藏温度控制在 0~10℃。 ②专用留样容器和取样工具使用前要经消毒
				【专用容器】是否按品种配备足够数量的带盖密闭专用留样容器	
		(c) 留样 管理	A11013	【留样数量】检查每个品种留样量是否在 100g 以上；留样食品是否按品种分别盛放于清洗消毒后的密闭专用容器内	①留样的食品样品应采集加工完毕后的食品成品，不得特殊制作。 ②重大活动时的食品留样应上锁保管，并对汤汁、原料等留样
				【留样时间】留样时间是否达到 48h	每餐每种食品均需留样，并在冷藏条件下保存 48h 以上
				【留样标签】留样食品容器外面是否有标签	留样食品容器外面贴有标签，标明留样时间、品名、餐次等，并有留样人签名
			A11014	【留样记录】查看食品留样记录是否完整；是否保存有以往的留样记录	①要做好每次留样记录，记录留样食品名称、留样量、留样时间、留样人员、审核人员等。 ②留样记录至少应保存 2 年

A12 废弃物处置

检查内容	检查项目			检查规程	重点注释
A12 废弃物 处置	A1201	(a) 处置协议	A12011	【垃圾清运协议】【废弃油脂收运协议】查看餐饮单位是否与正规收运企业签订餐厨废弃垃圾油脂收运处置协议	①餐饮单位需出示与正规收运企业签订的餐厨废弃垃圾油脂收运处置协议。 ②协议上双方需加盖公章，收运期限需在有效期限内
		(b) 台账记录	A12012	【废弃油脂台账】查看餐饮单位是否建立餐厨废弃油脂收运处置台账记录和留存三联单票据	①台账记录要求做到记录清晰、完整、准确，对收运时间、收运数量、收运人员以及验收人员进行记录。 ②每批餐厨废弃油脂收运能做到账目清晰，并与实际生产能力相符合。 ③有相关人员负责监督落实
		(c) 设备设施	A12013	【油水分离器】检查餐饮单位是否安装油水分离设施以及运行状况是否正常	①油水分离设施由具有资质的正规企业生产，能出示相关合格证和检验报告；2013 年 3 月 1 日起，新发证和许可延续单位应安装油水分离器。 ②油水分离设施需能够正常运转，并与餐厨废弃油脂生产能力相符合。 ③油水分离设施（室外安装）应加盖加锁。 ④油水分离设施应及时清理
			A12014	【煎炸油容器】检查餐饮单位是否配备专用煎炸废弃油收集容器并有明显标识	专用煎炸废弃油收集容器需设置在厨房内，并在容器上标明“废弃油专用”或类似字样

任务 2　餐饮店常见问题审查

一、技能目标

餐饮店常见问题归类。

二、理论准备

上海市《食品安全监督检查标准规程（餐饮）》A 部分。

三、实训内容

1. 任务发布

根据餐饮店视频照片，分析餐饮店常见问题，并将问题对照检查项目，给出整改意见。

2. 任务实施

将餐饮店常见问题对照检查项目进行分类，并提出整改意见（表 2-2）。

表 2-2　餐饮店常见问题对照检查项目

	常见问题	对照检查项目	整改意见
A1 许可证照	许可证未悬挂或摆放在店堂醒目处		
	许可证有涂改		
	哭脸、平脸脸谱被遮挡或撕毁		
	营业执照已变更，与许可证内容不一致，如法定代表人不一致		
	加工场所一楼换到二楼		
	许可证已超过有效期限		
	许可证信息不符，可能为假证		
	擅自改变经营类别：如饮品店、小吃店供应饭菜；食堂外送盒饭；核定“桶饭”，实际经营盒饭		
	“单纯经营火锅”“单纯经营烧烤”的超范围经营饭菜		
	超过核准供餐量生产加工		
	借用他人许可证在此处经营		
	申请许可证时承诺全部使用半成品加工，但实际进行原料粗加工		
	擅自供应凉菜、裱花蛋糕、生食海产品		
	许可证即将到期尚未办理延续		
	食品经营场所改扩建后未及时变更		

（续表）

	常见问题	对照检查项目	整改意见
A2机构人员	未按规定设置食品安全管理机构及食品安全管理人员		
	聘用禁聘人员		
	关键岗位人员未经考核合格上岗		
	未开展企业内员工上岗和在岗培训		
	新参加和临时参加工作的、岗位流动频繁的（如洗碗工）从业人员未取得健康证上岗		
	食品处理区无专用洗手水池，从业人员上厕所后未洗手上岗		
	从业人员留长指甲，指甲内残留污垢，涂指甲油，佩戴饰物		
	未按规定设置食品安全管理机构及食品安全管理人员		
	未建立健康检查制度		
	无晨检记录		
	晨检记录上的名单与实际不符		
	从业人员手指破损化脓进行凉菜加工		
	健康证为假证		
	在厨房间吸烟		
	私人物品随意摆放		
	口罩未遮掩鼻子		
	进入专间未洗手、消毒、戴口罩		
	从业人员未穿戴统一工作衣帽上岗		
A3设置布局	因台风雨季等原因出现河道涨水、污水倒灌进入食品加工区		
	发证后改变原有各场所的功能布局		
	无专间供应凉菜、制作裱花蛋糕		
	在厨房、点心间等非专用场所制作生食海产品、切配水果等		
	将加工场所改为用餐场所		
	周边地块拆迁、新增垃圾堆场或产生粉尘的工厂等		
	擅自改变了某一场所的功能，造成流程中有交叉		
	未申请变更在原核定场所外增加就餐场所和食品处理区面积		
	食堂就餐人数与加工场所面积明显不匹配		
	拆除洗碗间，使粗加工与洗碗混于一处		
	粗加工、洗碗等在露天场所或居住公共部位内操作		
	发证后封闭了原出菜口		

（续表）

	常见问题	对照检查项目	整改意见
A4 设施设备	地坪使用的材料不易清洗，易破损		
	食品处理区地面有裂缝、破损、积水、积垢等		
	排水沟无坡度，表面毛糙，不易清洗		
	专间、专用操作场所等设置有明沟		
	排水沟出口处无金属网罩，或已破损、网眼孔径过大，起不到防鼠类侵入的作用		
	墙壁采用非防水涂料或不易清洗的材料		
	各类专间的墙裙未铺设到墙顶		
	粗加工、切配、烹饪等场所的墙裙瓷砖脱落、破损		
	设置无倾斜的室内窗台，上面放置个人生活用品等		
	厨房、库房的门与地面的空隙较大，无金属包覆，下边缘破损		
	食品处理区天花板采用纤维板、泡沫塑料等不易清洁的材质		
	吊顶采用纤维板等吸附水汽的材质		
	天花板有脱落、灰尘积聚、霉斑		
	蒸箱无单独排风设施或排风功率不够，造成蒸汽排放不畅		
	蒸箱、烹饪等场所有冷凝水滴落		
	在承办宴会时，容器及餐具可能会存在数量不足问题		
	陈旧的工用具、容器、设备表面凹凸不平		
	用彩色 PVC 塑料容器盛放食品		
	用非 PP 材质的塑料容器微波加热或盛放热烫食品		
	不同用途的工具和容器无明显区分标识		
	不同用途工用具容器没有明确规定存放的位置或未按标识定位存放		
	工用具设备损坏不能正常运转（如洗碗机），容器缺损		
	盛放成品膳食的容器与盛放半成品、原料的容器混用		
	待用的工用具容器未清洗干净有污渍		
	在粗加工、餐饮具清洗等场所地面乱扔废弃物、积存食物残渣等		
	接触直接入口食品的工用具容器 ATP 检测不合格		
	洗碗机洗涤剂缺失		
	反复使用不宜重复使用的容器		
	垃圾袋或回收塑料容器盛放食品		
	集体用餐配送单位保温箱数量配置不足		
	天花板吊顶不密封，有老鼠等四害活动迹象		

（续表）

	常见问题	对照检查项目	整改意见
A4设施设备	烹饪场所天花板离地面小于2.5m，且无机械排风设施		
	防蝇设施有破损		
	空气幕不能使用		
	木质门已发霉、变形		
	与外界直接相通门不能自动关闭		
	与外界直接相通的门和可开启的窗未安装防蝇纱网、空气幕		
	凉菜间未设置可开闭的传递窗		
	墙壁上积油腻、污垢，有霉斑		
	使用无水封的地漏		
	排水沟堵塞；积垢、积存食物残渣		
	粗加工、切配、烹饪和餐饮具清洗消毒场所等易潮湿的场所地面无坡度		
A5食品检查	包装破损，内容物溢出		
	无产品标签或标签不全		
	产品无任何信息		
	霉变生虫		
	未配备必要的盛量工具		
	超范围使用食品添加剂		
	包装袋积灰尘、油污等		
	夸大宣传		
	超过保质期限		
	进口食品无中文标识		
	食品中添加药品		
	使用未经检疫或检验的羊肉、狗肉及其制品、畜禽血		
	加工供应河豚、蚶类、炝虾等违禁生食水产品		
	非法添加非食用物质		
	自制火锅底料、自制饮料、自制调味料的餐饮服务单位使用食品添加剂未申报和公示		
	浑浊、有杂质沉淀（除果类饮料）		
	标签上未载明“食品添加剂”字样		
	是否超过保质期		

（续表）

	常见问题	对照检查项目	整改意见
A6 采 购 贮 存	无法提供或资质不全		
	未索取留存每笔购物凭证		
	登记台账信息存在缺漏项		
	无机械通风设施		
	库房地面、墙面渗水或天花板霉变、漏水		
	酸奶、牛奶等需冷藏食品置于常温库房		
	食品不分类置于同一区域导致交叉污染		
	食品靠墙、着地放置，导致食品受潮，生虫		
	变质、过期等待废弃食品放置处无标识，导致误用		
	资质无效（过期、超经营范围）		
	资质复印件未盖章确认		
	未执行先进先出原则，导致食品过期		
	冷藏、冷冻库和冰箱未定期除霜、清洁和维护，导致食品污染变质		
	冷藏、冷冻库、冰箱温度不符合要求，未配置温度计		
	需冷冻贮存食品置于冷藏温度内		
	有明显造假记录迹象或不合理登记，如台账登记记录与采购原始单据不吻合		
	索取的购物凭证信息不全，无送货单位名称或是无供货商盖章、签字		
	票据凌乱，未归档管理		
	合格证明与被查产品不属同一批次		
	复印件未盖章确认		
	动物产品检疫证明与产品不一致，合格证造假		
A7 粗 加 工 及 切 配	清洗水池挪作他用，水池数量不足		
	水池未加贴标识，导致水池混用，如粗加工水池洗餐具、洗拖把等		
	将鱼类、禽肉粗加工清洗后不立即使用，同时置于常温下存放		
	操作台面采用木质材料，工用具保养清洁不当，如刀具生锈、砧板开裂，裂缝中积污垢等		
	厨余垃圾未及时清理，虫蝇滋生		
	食品腐败变质，有异味畜禽肉等		

（续表）

	常见问题	对照检查项目	整改意见
A7粗加工及切配	未在专用的粗加工场所进行食品粗加工		
	混有有毒动植物，如发芽马铃薯		
	混有异物		
	发现食品原料变质等感官异常仍使用加工		
	粗加工在室外操作，靠近污染源等		
	工用具未定位存放，与清洁用具（拖把、消毒剂）混放导致污染		
	水池配置与发证时要求未保持一致，擅自改动		
A8烹饪加工	大块食品未烧熟煮透，动物性食品血水未凝固		
	非法获取“地沟油”四种途径：一是餐厨垃圾（俗称泔水）漂浮的油脂或回收剩菜“口水油”；二是反复煎炸使用的“老油”；三是废弃动物脂肪熬制的油；四是流入下水道的油脂		
	用于装饰的原料或装饰物品未清洗消毒或反复使用		
	需冷藏的熟制品放在烹饪间、粗加工间进行冷却		
	厨余垃圾积污垢、油腻，垃圾溢出桶外		
	冷却后仍放置在室温环境下		
	盛装食品的容器直接放置于地上		
	冰箱内积霜较厚影响制冷效果		
	自制调味料无配料标识及加工日期、使用期限等		
	冰箱内生熟制品存放在同一冰室内		
	排水口处无金属网罩或金属网罩已破损、网眼孔径过大，起不到防鼠类侵入的作用		
	豆浆假沸		
	四季豆翻炒不均，外观未失去原有的生绿色		
	隔餐或冷藏冷冻食品回烧不彻底		
	排油烟机外表未定期清洗，积污严重		
	消毒剂放在食品储存柜内		
	拆包使用的调味料未密闭保存		
	需冷藏的熟制品未及时冷藏或隔餐使用的不冷藏存放		
	餐饮单位易发生使用火锅、川湘辣味菜肴等用油量大的菜品、汤汁加工制作“口水油”		

（续表）

	常见问题	对照检查项目	整改意见
A9专间操作	未经许可擅自增设或拆除专间		
	擅自拆除专间或缩小专间面积		
	紫外线灯数量不足；安装位置偏离操作台上方；安装位置过高		
	专间内未配置消毒设施		
	专间内未设置洗手消毒设施		
	使用中央空调		
	隔餐隔夜凉菜未经回烧		
	专间内未设置净水设施或净水设施已破损		
	高温季节，其他人员到专间休息乘凉		
	净水滤芯不定期更换		
	将食品专用冰箱当作留样冰箱		
	凉菜直接叠盆摆放，先前加工的未用保鲜膜或密闭容器存放		
	提前加工菜肴，常温下存放时间超过 2h		
	隔顿隔夜膳食简单加温后使用，未彻底加热		
	自助餐供餐中，添加食物时不同时段加工的食物混用		
	提前加工菜肴且未采取有效保存措施		
	生鸡蛋存放在专间内		
	在专间水池内清洗海蜇等		
	专用冰箱放置食品原料、半成品和不洁物		
	专用冰箱不制冷		
	改刀凉菜供应超过 2h		
	空调不制冷		
	消毒液浓度不符合要求		
	传递窗不能关闭；擅自拆除预进间		
	预进间未设置洗手消毒池		
	紫外灯开关安装在专间内		
	紫外线使用过长，灯管发黑		
	把日光灯、灭蝇灯当作紫外线灯		
	消毒液浓度不符合要求		

（续表）

	常见问题	对照检查项目	整改意见
A10 清洗消毒	水池数量不够		
	设施设备配备不全		
	无保洁设施或保洁设施数量不足		
	餐用具未消毒或消毒不规范		
	清洁消毒后未存放于保洁设施中已消毒和未消毒的餐用具存放于同一保洁柜中。保洁设施内存放私人物品及其他物品		
	无相应的资质证明		
	包装餐饮具已过期		
	待用餐用具表面有污渍和霉斑		
	餐用具清洗水池用于清洗食品原料、食品原料解冻或清洗拖把、地刷等清洁工具		
	待用餐用具表面有污渍		
	快速检测、实验室检测不合格		
	肉眼可见污渍		
	快速检测或抽检结果不合格		
	保洁设施无标识		
	保洁设施无门，不密闭		
	保洁设施内存放杂物		
	洗碗机等设施设备损坏		
	设施设备不使用		
A11 食品留样	未建立并落实食品留样制度		
	无留样专用冰箱；留样食品放置在原料冰箱内		
	留样容器不密封或无盖子		
	仅对部分菜肴留样		
	留样食品在冰箱内保存 1 天后即倒掉		
	留样食品容器外面无标明留样时间、餐次等信息的标签		
	食品留样无记录或记录不完整		
	无专用取样工具，使用未消毒的夹子或用手直接抓取		
	仅保存短期内的留样记录		
	留样量少于 100g，甚至不到 50g		
	留样食品采用高温等特殊处理		

（续表）

	常见问题	对照检查项目	整改意见
A11 废弃物处理	未签订厨废弃垃圾油脂收运处置协议		
	收运处置台账登记缺项、漏项		
	未安装油水分离设施		
	未配备专用煎炸废弃油收集容器		
	签订的处置协议已超过有效期限		
	专用容器没有明显标识		
	所安装的油水分离设施功率与实际生产能力明显不符		
	油水分离设施（室外安装）未加盖加锁		
	台账登记与实际生产能力明显不符		

四、参考评价

主要考核要点：

（1）能够准确判断常见问题。

（2）常见问题归类。

（3）给出整改意见。

模块三
食品安全与质量控制

项目一　产品质量审核

任务1　产品指标审核

一、技能目标

1. 食品审核指标查询。
2. 食品抽样、封样、运输、贮存的方法。
3. 食品审核项目检验方法。

二、理论准备

GB 19645—2010《食品安全国家标准　巴氏杀菌乳》。

三、实训内容

1. 发布任务

某乳制品生产企业需要完成产品质量审核，请根据以下产品信息，完成该产品质量审核。

2. 任务实施

（1）样品抽样：在乳品企业的成品库房中，有一批巴氏杀菌乳产品42 000盒，规格为140mL/盒，请查阅《食品安全监督抽检实施细则（2023年）》，选出以下合适的抽样方案（　　）

A. 抽取5盒；B. 抽取6盒；C. 抽取7盒；D. 抽取8盒

（2）确认检测项目：请查阅GB 19645—2010《食品安全国家标准　巴氏杀菌乳》，确定巴氏杀菌乳的检测项目、指标要求及检验方法，完成表3-1。

表3-1　巴氏杀菌乳检测项目、指标要求及方法

分类	检测项目	指标要求	检验方法
感官要求			

（续表）

分类	检测项目	指标要求	检验方法
理化指标			
微生物限量指标			

（3）请查阅 GB 2762—2022《食品安全国家标准　食品中污染物限量》，确定巴氏杀菌乳的污染物指标、限量要求及检验方法，完成表 3-2。

表 3-2　巴氏杀菌乳污染物指标、限量要求及检测方法

污染物指标	限量要求	检验方法

（4）请查阅 GB 2761—2017《食品安全国家标准　食品中真菌毒素限量》，确定巴氏杀菌乳的真菌毒素指标、限量要求及检验方法，完成表 3-3。

表 3-3　巴氏杀菌乳真菌毒素指标、限量要求及检测方法

真菌毒素指标	限量要求	检验方法

（5）查阅“卫生部等 5 部门关于三聚氰胺在食品中的限量值的公告（2011 年第 10 号）”确定该巴氏杀菌乳的三聚氰胺限量值为____________________。

（6）根据 GB 28050—2011《食品安全国家标准　预包装食品营养标签通则》强制标识内容，请指出该巴氏杀菌乳营养标签强制标识内容包括：____________________
____。

（7）根据 GB 7718—2011《食品安全国家标准　预包装食品标签通则》设计该巴氏杀菌乳的标签，直接向消费者提供的食品标签标识内容应包括：____________________。

（8）表 3-4 是某乳品企业检测报告单，请根据 GB 19645—2010《食品安全国家标准　巴氏杀菌乳》及相关标准，完善检验报告单，并判定该巴氏杀菌乳是否合格。如果不合格，请指出哪些指标不合格。

表 3-4　巴氏杀菌乳检验报告

<table>
<tr><td colspan="2">产品名称</td><td colspan="2">巴氏杀菌乳</td><td>产品规格</td><td colspan="2">180mL</td></tr>
<tr><td colspan="2">生产日期</td><td colspan="2">2023-03-21</td><td>生产批号</td><td colspan="2">20230321</td></tr>
<tr><td colspan="2">产量</td><td colspan="2">40 000 件</td><td>检验日期</td><td colspan="2">2023-03-21 至 2023-03-23</td></tr>
<tr><td colspan="2">抽样量</td><td colspan="5"></td></tr>
<tr><td>序号</td><td>检测项目</td><td>单位</td><td>检测方法</td><td>技术要求</td><td>检验结果</td><td>单项判定</td></tr>
<tr><td>1</td><td>产品标签</td><td>—</td><td>GB 7718—2011
GB 19645—2010</td><td>应符合 GB 7718—2011 及《食品标识管理规定》的要求</td><td>合格</td><td>符合</td></tr>
<tr><td>2</td><td>色泽</td><td>—</td><td>GB 19645—2010</td><td>呈乳白色或微黄色</td><td>合格</td><td>符合</td></tr>
<tr><td>3</td><td>滋味气味</td><td>—</td><td>GB 19645—2010</td><td>具有乳固有的气味、无异味</td><td>合格</td><td>符合</td></tr>
<tr><td>4</td><td>组织状态</td><td>—</td><td>GB 19645—2010</td><td>呈均匀一致液体，无凝块、无沉淀、无正常视力可见的异物</td><td>合格</td><td>符合</td></tr>
<tr><td>5</td><td>净含量</td><td>mL</td><td>JJF 1070—2005</td><td>180（允许短缺量 4.5%）</td><td>182</td><td></td></tr>
<tr><td>6</td><td>酸度</td><td>°T</td><td>GB 5413. 34</td><td>12～18</td><td>13. 5</td><td></td></tr>
<tr><td>7</td><td>脂肪</td><td>g/100g</td><td>GB 5413. 3</td><td></td><td>3. 58</td><td></td></tr>
<tr><td>8</td><td>蛋白质</td><td>g/100g</td><td>GB 5009. 5</td><td></td><td>3. 14</td><td></td></tr>
<tr><td>9</td><td>非脂乳固体</td><td>g/100g</td><td>GB 5413. 39</td><td></td><td>8. 50</td><td></td></tr>
<tr><td>10</td><td>菌落总数</td><td>CFU/mL</td><td>GB 4789. 2—2022</td><td>n＝5，c＝2，m＝50 000，M＝100 000</td><td><1，<1，7，<1，2</td><td></td></tr>
<tr><td>11</td><td>大肠菌群</td><td>CFU/mL</td><td>GB 4789. 2—2016 第二法</td><td>n＝5，c＝2，m＝1，M＝5</td><td><1，<1，<1，<1，<1</td><td></td></tr>
<tr><td>12</td><td>铅（以 Pb 计）</td><td>mg/kg</td><td>GB 5009. 12—2017</td><td></td><td>未检出（检出限：0. 02）</td><td></td></tr>
<tr><td>13</td><td>镉（以 Cr 计）</td><td>mg/kg</td><td>GB 5009. 122—2014</td><td></td><td>未检出（检出限：0. 01）</td><td></td></tr>
<tr><td>14</td><td>总汞（以 Hg 计）</td><td>mg/kg</td><td>GB 5009. 17—2014（第一法）</td><td></td><td>未检出（检出限：0. 01）</td><td></td></tr>
</table>

（续表）

产品名称		巴氏杀菌乳		产品规格	180mL	
15	总砷（以As计）	mg/kg	GB 5009.11—2014		未检出（检出限：0.01）	
16	黄曲霉毒素 M_1	μg/kg	GB 5009.24—2016		未检出（检出限：0.01）	
17	三聚氰胺	mg/kg	GB/T 22388—2005（第一法）		未检出（检出限：0.01）	
结论						

批准：　　　　审核：　　　　编制：　　　　日期：

（9）请你为该巴氏杀菌乳设计一份检测报告单（表 3-5）。

表 3-5　巴氏杀菌乳检验报告

产品名称				产品规格		
生产日期				生产批号		
产量				检验日期		
序号	检测项目	单位	检测方法	技术要求	检验结果	单项判定
1	产品标签	—	GB 7718—2011 GB 19645—2010	应符合 GB 7718—2011 及《食品标识管理规定》的要求	合格	符合
…						

批准：　　　　审核：　　　　编制：　　　　日期：

四、参考评价

（1）能正确查找巴氏杀菌乳标准，确定感官、理化、微生物检测指标。

（2）能正确查找相关标准，确定污染物、真菌毒素限量指标。

（3）能正确查找相关资料，确定三聚氰胺限量指标。

（4）能正确查找巴氏杀菌乳标准，设计巴氏杀菌乳检测报告单。

任务 2　产品标签标识审核

一、技能目标

1. 完成食品标签审核工作。
2. 准确设计食品标签、营养标签。

二、理论准备

预包装食品标签通则、预包装食品营养标签通则知识。

三、实训内容

1. 发布任务

（1）根据现有标签，查找标签存在的问题，完成标签审核报告。

（2）乳品企业现场实训，请重新为该款乳制品设计标签。

2. 任务实施

（1）请查阅 GB 28050—2011《食品安全国家标准　预包装食品营养标签通则》和 GB 7718—2011《食品安全国家标准　预包装食品标签通则》找出图 3-1 中向消费者提供的标签中不符合要求的情况，完成标签审核报告（表 3-6）。

高钙调制牛奶　　　　**净含量：120g**

配料：牛奶、蜂蜜、黄原胶、DHA 藻油、大豆组织蛋白、柠檬酸。

产品标准代号：GB 25191

请贮存于阴凉干燥处。

生产日期：见盒顶喷码　　保质期：3 个月

生产商：×××食品有限公司

地址及产地：上海市×××

联系方式：021-×××

本品使用的生牛乳采用进口奶源，不含抗生素。

营养成分表

项目	每 100g	NRV%
能量	444kJ	5%
蛋白质	2. 5g	4%
脂肪	4. 2g	7%
碳水化合物	14. 5g	5%
钠	68mg	3%
钙	283mg	35%
DHA	185mg	—

图 3-1　食品标签内容示例

表 3-6　标签审核要素

待审核标签名称：__________ 商标：__________　　净含量/规格：__________
审核人：__________　　审核日期：____年____月____日

序号	项目要素	具体要求	依据	审核意见描述	单项判定（合格/不合格）
1	食品名称	要反映食品真实属性，来源于国家标准、行业标准、地方标准？或常用名称/通俗名称			
		产品标准是否对产品进行了分类，有分类时应明确产品类别			
		食品名称没有国家标准、行业标准或地方标准规定的名称时，应使用不易被误解或混淆的名称			
		标识“新创名称”“奇特名称”“音译名称”“牌号名称”“地区俚语名称”“商标名称”时，应在所示名称的同一展示版面标识能反映食品真实属性的专用名称			
		为不使消费者误解或混淆食品的真实属性、物理状态或制作方法，可以在食品名称前或食品名称后附加相应的词或短语。如干燥的、浓缩的、复原的、熏制的、油炸的、粉末的、粒状的等			
2	配料表	必须有引导词：配料/配料表，“原料”或“原料与辅料”（加工时原料已改变为其他成分，如酒、酱油、食醋等发酵产品）			
		配料的名称要规范			
		配料要按照逐一递减顺序排列（加入质量分数不超过2%的配料除外）			
		各种配料之间应采用易于分辨的方式分割			
		复合配料的标识应符合要求，应在配料表中标示复合配料的名称，并在括号内按加入量的递减顺序标示原始配料。如果符合配料已经有相关标准，且加入量小于食品总量的25%时，不需要标示复合配料的原始配料			
		复配食品添加剂，起功能作用的添加剂应在配料表中逐一标示，辅料在终产品中不起功能作用的，不需要标示			

（续表）

序号	项目要素	具体要求	依据	审核意见描述	单项判定（合格/不合格）
2	配料表	食品添加剂应标示 GB 2760 的通用名称，特殊标示：“单双甘油脂肪酸酯”或“单双硬脂酸甘油酯”或“单硬脂酸甘油酯”等/根据来源，“磷脂”可以标示为“大豆磷脂”/阿斯巴甜（含苯丙氨酸）			
		食品中直接食用甜味剂、防腐剂、着色剂的，应在配料清单食品添加剂项下标注具体名称；使用其他食品添加剂的，可以标注具体名称、种类或者代码。食品添加剂的使用范围和使用量应按照国家标准的规定执行			
		配料中加入的水应在配料表中标示，加工过程中已挥发的水或挥发性配料不需要标示			
		酶制剂标示（如果失去酶活力的，不需要标示）			
		营养强化剂的标示（参照 GB 14880 或原卫生部公告的名称）			
		食用菌种的标示参照 GB 7718 问答（修订版）第三十八条要求			
		各种植物油或精炼植物油，不包括橄榄油，可标示为“植物油”或“精炼植物油”；如经过氢化处理，应标示为“氢化”或“部分氢化”			
		各种淀粉，不包括化学改性淀粉，可标示为淀粉			
		食用香精、香料——通用名称/食用香精/食用香料/食用香精香料			
		胶基糖果的各种胶基物质制剂标示为“胶姆糖基础剂”“胶基”			
		香辛料的标示——添加量>2%标示具体名称；加入量≤2%，标示“香辛料”或“复合香辛料”			
		定量标示配料或成分——强调有价值/有特性/含量高低时			

（续表）

序号	项目要素	具体要求	依据	审核意见描述	单项判定（合格/不合格）
3	净含量和规格	标示形式——净含量：数字和法定计量单位			
		法定计量单位包括毫升（mL）、升（L）、克（g）、千克（kg）			
		净含量字符高度：≤50g/mL（2mm）；≤200g/mL（3mm）；≤1kg/L（4mm）；>1kg/L（6mm）			
		赠品净含量的标示符合 GB 7718 附录 C			
		固、液相两相物质的食品（蜂蜜、食用油等无法区分的除外），固相物质为主要食品配料时，还应标示沥干物（固形物）的含量，参照 GB 7718 附录 C			
4	日期标识	包装体积较大时，“见包装”应明确包装的具体部位			
		不得加贴、补印或篡改			
		确认日期打码的方式、部位，保证清晰、醒目、持久			
		包装内含有多个单件预包装食品时，外包装上标示的保质期应按最早到期的单件食品的保质期计算			
		应按年、月、日的顺序标示日期，如果不按此顺序，应注明日期标示顺序			
		批号可以根据需要标示			
5	生产者/经销者信息	生产者的名称、地址和联系方式			
		进口食品可不标示生产者信息			
		分装食品应当注明“分装”字样			

（续表）

序号	项目要素	具体要求	依据	审核意见描述	单项判定（合格/不合格）
6	产品标准号	引导词：产品标准号、产品标准代号、产品标准编号、产品执行标准号等			
		所采用的标准号与产品要匹配			
		标准号标准要准确			
		进口食品可不标示产品标准代号			
7	食品生产许可证	SC 编号标示应准确无误（生产商）			
8	贮存条件	引导词：“贮存条件”“贮藏条件”“贮藏方法”等			
9	营养成分表	营养标签应标示在向消费者提供的最小销售单元的包装上			
		营养标签的格式要规范			
		核心营养素要醒目，使用加粗等方式			
		营养成分单位标示要准确			
		对能量和核心营养素外的其他营养成分进行营养声称或营养成分功能声称			
		使用了营养强化剂的，在营养成分表中还应标示强化后食品中该营养成分的含量值及其占营养素参考值（NRV）的百分比			
		配料中有氢化和（或）部分氢化油脂，要标注反式脂肪酸的含量			
		能量和营养成分修约间隔和“0”界限值要符合 GB 28050—2011 表 1 中的要求			
		NRV 计算正确无误			
		含量声称和比较声称要满足 GB 28050 附录 C 要求			
		特殊膳食类食品和专供婴幼儿的主辅类食品，应标示主要营养成分及其含量			
		其他预包装食品如需标示营养标签，标示方式应参照相关法律法规标准			

（续表）

序号	项目要素	具体要求	依据	审核意见描述	单项判定（合格/不合格）
10	其他	使用辐照的任何配料（关注香辛料），应在配料表中标明			
		经辐照处理的食品，应在食品名称附近标示“辐照食品”			
		转基因食品的标示应符合相关法律、法规的规定			
		食品所执行的形影产品标准已明确规定质量（品质）等级的，应标示质量（品质）等级			

（2）请在下框中重新为该款牛奶设计一款标签，要注意上述表格中所列的具体要求。

四、参考评价

主要考核要点：

（1）能识别标签问题，并完成审核报告。

（2）能正确查找 GB 28050、GB 7718 标准，正确设计标签。

项目二　HACCP 质量管理体系

任务 1　HACCP 管理体系的建立

一、技能目标

1. 针对特定加工工艺，进行危害分析。
2. 关键控制点确定，监控、纠偏、验证、记录。

二、理论准备

HACCP 体系标准相关知识。

三、实训内容

（一）任务发布

中国国家认证认可监督管理委员会于 2021 年 07 月 29 日发布了《认监委关于发布新版〈危害分析与关键控制点（HACCP）体系认证实施规则〉的公告》，请根据最新修订的细则，为广式月饼生产制订一份 HACCP 计划。

（二）任务实施

根据表 3-7 所示广式月饼生产材料，完成一份 HACCP 计划。

表 3-7　广式月饼生产要求

制作规格	55g/个	模具规格（cm）	耐烤纸托（直径 55mm，高度 50mm）
单品规格（mm）	直径 45，高度 30	净重（g）	50g/个

1. 配料

（1）按产品配方要求配料，并记录原辅料批次信息、配料人。

（2）配料信息具体见《产品配方》。

2. 搅拌

（1）糖浆、碱水、黄油、大豆油依次投入料缸内混合搅拌均匀 5min。

（2）加入过筛后的低筋粉、蛋黄粉继续搅拌 3~5min，均匀即可。

（3）静置 1h 左右，待用。

3. 成型

（1）将搅拌好的面团与豆沙馅分别投入包馅机的两个料斗中，机器包馅成型（豆沙馅料用量百分比 70%，皮料百分比为 30%）。

（2）成型后的面团经打饼机印花后自动传送至排盘机上进行摆盘。

4. 一次烘烤

（1）将产品放入烤炉中进行烘烤，做好记录。

（2）烘烤温度和时间（表 3-8）。

表 3-8　一次烘烤温度和时间要求

平板炉			转炉		隧道炉				
上火（℃）	下火（℃）	时间（min）	温度（℃）	时间（min）	温度（℃）				时间（min）
					一区	二区	三区	四区	
210±10	190±10	20±2	190±10	20±2	190±10	190±10	190±10	190±10	20±2

5. 刷蛋液

在产品表面刷上一层蛋液（3~4g）。

6. 二次烘烤

（1）将刷完蛋液的产品继续放入烤炉中烘烤上色。

（2）烘烤温度和时间（表 3-9）。

表 3-9　二次烘烤温度和时间要求

平板炉			转炉		隧道炉				
上火（℃）	下火（℃）	时间（min）	温度（℃）	时间（min）	温度（℃）				时间（min）
					一区	二区	三区	四区	
210±10	190±10	7	190±10	7	190±10	190±10	190±10	190±10	7

7. 冷却

将烘烤好的产品放入冷却间冷却，直至产品温度不烫手，在冷却间停留时间不得超过 4h。

8. 包装

（1）将内包材预先存入内包材消毒间，经臭氧消毒 30min 以上。

（2）将产品按照要求的包装规格进行包装，并贴上产品标签，做好包装记录。

（3）对该产品进行净含量抽样检验，净含量不能少于标准要求的重量，做好记录。

9. 金属探测

（1）将包装好的产品逐一过金属探测仪，进行金属探测检验（Fe：Ø≥1.5mm ，Sus

（不锈钢）：Ø≥ 2.0mm）。

（2）金属探测仪应按照文件规定的校准频次与要求进行校准，并做好金属探测记录。

10. 装箱

根据不同的装箱规格进行装箱，并做好记录。

11. 成品入库

按产品种类、规格、批次或其他不同要求分类摆放，入成品库，做好入库交接手续。

四、参考评价

（1）产品描述。

（2）工艺流程图。

（3）危害分析与关键控制点确定。

（4）关键控制点监控、纠偏、验证、记录。

[实训材料]

HACCP 案例分析

1. 成立 HACCP 计划小组。
2. 产品描述。

产品描述信息	
加工类别：烘焙 产品类型：糕点	
1. 产品名称	
2. 主要原辅料	
3. 重要的产品特性 （Aw 值、pH 值、防腐剂……）	
4. 计划用途（主要消费对象等）	
5. 使用方法	
6. 包装类型	
7. 保质期	
8. 标签说明	
9. 销售方法	
10. 特殊运输要求	

3. 工艺流程图。

……

4. 危害分析与关键控制点。

危害分析与关键控制点分析					
(1)	(2)	(3)	(4)	(5)	(6)
配料/加工步骤	确定本步骤引入的，受控的或增加的潜在危害	潜在的食品安全危害是显著的吗？(是/否)	对第三栏的判断提出依据	应用什么预防措施来防止显著危害？	这步骤是关键控制点吗？(是/否)

5. CCP 点监控、记录、纠偏、记录。

CCP 点监控、记录、纠偏、记录									
1	2	3	4	5	6	7	8	9	10
			监控						
CCP	危害	关键限值	对象	方法	频率	人员	纠偏行动	记录	验证

任务 2　HACCP 计划的确认及验证

一、技能目标

1. 针对特定加工工艺，进行危害分析。
2. 关键控制点确定，监控、纠偏、验证、记录。
3. HACCP 认证体系实施规则。

二、理论准备

1. HACCP 体系认证标准相关知识。
2. 危害分析与关键控制点（HACCP）体系认证实施规则。

三、实训内容

1. 任务发布

制订一份 HACCP 计划，阐述 HACCP 体系申请流程。

2. 任务实施

根据以下广式月饼生产材料（表 3-10，表 3-11），完成一份 HACCP 计划；以小组为单位介绍 HACCP 体系申请流程。

表 3-10　HACCP 计划验证记录

项目	验证结论	“否”时采取的措施	日期	修改人
自上次验证后有新的工艺和新的产品否？	☑无			
	□有，→>>	针对这些变化有必要改变 HACCP 计划吗？ □否 □是		
自上次验证后供应商、客户、设备、设施有变更否？	☑无			
	□有，→>>	针对这些变化有必要改变 HACCP 计划吗？ □否 □是		
目前的 HACCP 计划中所包含的信息准确否？	□否 →>>	更新信息	日期：	姓名：
	☑是			
目前的 CCP 判断正确否？	□否 →>>	修改 CCP	日期：	姓名：
	☑是			
目前的 CL 设置对于控制危害适当否？	□否 →>>	修改 CL	日期：	姓名：
	☑是			
目前的监控程序能保证符合 CL 否？	□否 →>>	修改监控程序	日期：	姓名：
	☑是			
目前的纠偏措施能防止有食品安全问题的产品售出或供应吗？	□否 →>>	修改纠正措施	日期：	姓名：
	☑是			
现行持续性的验证程序能保证食品安全体系在危害控制方面的适用性、符合性吗？	□否 →>>	修改验证程序	日期：	姓名：
	☑是			
目前的记录能反映 CL 的符合情况和纠正措施的实施情况否？	□否 →>>	修改记录管理程序	日期：	姓名：
	☑是			
目前的 SOP 适用和得到执行否？	□否 →>>	有必要修改吗？如果有必要的话，修改后再重新进行验证		
	☑是			
验证结果： ☑　HACCP 计划正确、有效，可完全控制危害 □　HACCP 计划总体有效，控制了主要危害，但存在少量问题，需部分调整、改进 □　HACCP 计划有明显欠缺，不能有效控制危害，需作重大调整				
验证人员（签名）：				

表 3-11　HACCP 计划确认记录

项目	是	否	若“否”请详注	HACCP 计划修改的意见
1. 对产品及生产过程的确认				
产品描述是否准确?	是			
产品配方是否正确?	是			
原料辅料是否与实际使用的一致?	是			
对包装的描述是否正确?	是			
产品的使用方法描述是否正确?	是			
对产品的贮存方式描述正确否?	是			
对产品的发运方式描述正确否?	是			
工艺流程是否正确?	是			
2. 对危害分析及预防措施的评估				
对各类原料辅料的危害分析是否充分和全面? 是否考虑了: 生物性、化学性、物理性危害	是			
对各生产工序和环节的危害分析是否充分和全面? 是否考虑了: 生物性、化学性、物理性危害	是			
对危害风险级别的划分是否合理?	是			
针对危害的预防控制措施是否明确? 是否具有可操作性?	是			
3. 评估 CCP、关键限设置, 以及监控程序、纠正措施、CCP 验证、记录管理的适宜性。审核现行 CCP 文件。审核 HACCP 前提条件及 SSOP 的适宜性				
所确定的 CCP (烘干) 对控制危害有效否?	是			
所确定的关键限值是否合适?	是			
按照确定的监控方法和频率能发现超偏吗?	是			
纠正措施能纠正和控制偏差吗?	是			
记录管理制度适当否?	是			
验证活动包括对监控仪器的检校否?	是			
验证是否包括对客户投诉的审核?	是			
验证包括对记录的审核否?	是			
GHP 良好卫生规范和 SSOP 对于危害的控制有作用否?	是			
HACCP 小组成员确认:				

模块四
质量管理体系审核

项目一　ISO 22000、FSSC 22000认证体系

任务1　程序文件审核

一、技能目标

1. ISO 22000程序文件审核。
2. 资料整理与文本撰写能力。

二、理论准备

ISO 22000: 2018食品安全管理体系　食品链中各类组织的要求。
FSSC 22000方案第5版。

三、实训内容

1. 任务发布

（1）材料中为某同学参考企业ISO 22000程序文件制定的食品加工实训室程序文件，请你选择专业中任意一个食品加工实训室，并根据选择的实训室实际情况，分析该程序文件的可行性，并对其进行修改。

（2）根据FSSC 22000方案第5版的要求，提出将ISO 22000变为FSSC 22000的可行性。

2. 任务实施

（1）讨论任务，回顾理论知识ISO 22000: 2018食品安全管理体系食品链中各类组织的要求。

（2）材料中为某同学参考企业ISO 22000程序文件制定的实训室程序文件，请你根据实训室实际情况进行适当删减与增加。

（3）根据FSSC 22000方案第5版的要求，提出将ISO 22000变为FSSC 22000的可行性。

四、参考评价

ISO 22000程序文件审核主要考核要点：

（1）能够给出修改意见。

（2）能够对ISO 22000程序文件进行一定程度的解读。

（3）ISO 22000变为FSSC 22000的可行性分析。

[实训材料]

程序文件材料

文件控制程序

1 目的

为了对实训室食品安全管理体系所要求的文件进行有效管理，确保文件使用小组能得到有效的文件版本，特制定本程序。

2 适用范围

本程序适用于实训室食品安全管理体系所要求的所有文件的管理，包括：(1) 食品安全管理手册、程序文件和作业性文件；(2) 适用的国家、行业的法律法规、标准和其他要求；(3) 产品和生产技术文件、产品标准、试验方法及相关的管理规程；(4) 食品安全管理体系记录表样。

3 职责

3.1 食品教研组是本过程的主控小组，负责食品安全管理体系文件的统一编号和格式、汇总、发放和回收。

3.2 食品安全管理手册：由品控小组组织编制，生产小组审核，负责老师批准。

3.3 程序文件：由品控小组负责组织编制，生产小组审核，负责老师批准。

3.4 作业性文件：由归口品控小组编制，生产小组审核，负责老师批准。

3.5 食品教研组负责识别并收集各小组使用的国家和行业标准和规范、国家和地方的法律法规，并对其有效性进行确认和再确认。

3.6 各小组负责人负责组织编制各小组所使用记录表样。

3.7 食品教研组负责所有记录表样的目录编制、备案。

3.8 各小组负责本小组使用文件的妥善保管。

3.9 食品教研组负责本实训室与行政主管小组的文件保管，如实训相关文件和实训室内部行政管理文件的起草和发放。

4　控制程序

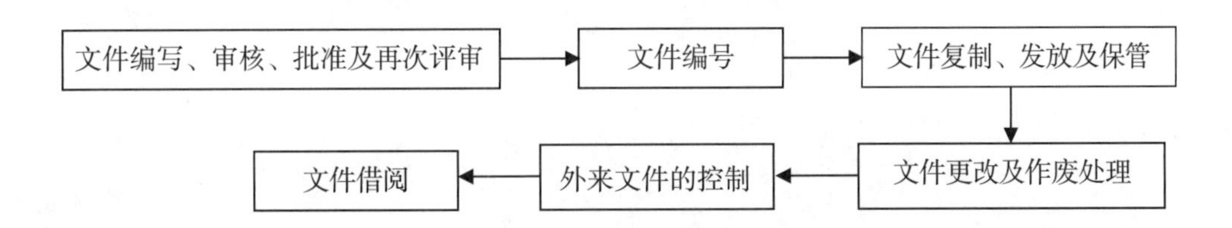

4.1　文件的编写、审核、批准及再次评审。

4.1.1　文件的编写、审核及批准。

4.1.1.1　依据负责老师对食品安全管理体系策划的要求，由食品教研组形成食品安全管理体系文件框架图，依据职能分工由食品安全小组长明确各类文件的编写人员。

4.1.1.2　由各小组负责编写相关的食品安全管理体系文件，并按3.1条至3.3条规定进行审批。

4.1.2　文件的定期评审。

正常情况下，每年由食品教研组组织各小组对所有食品安全管理体系文件的适宜性、有效性和充分性进行评审，各小组依据文件的评审结果由文件的原编写人员进行修改，修改后的文件按3.1条至3.3条的规定重新进行审批，由食品教研组负责进行更换处理。

4.2　文件编号。

4.2.1　食品安全管理手册。

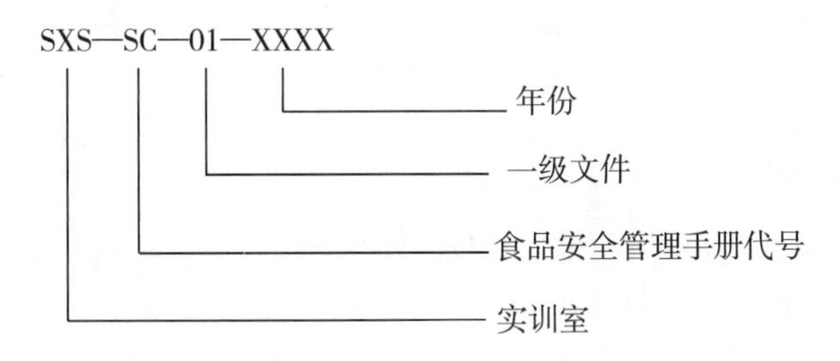

4.2.2　程序文件。

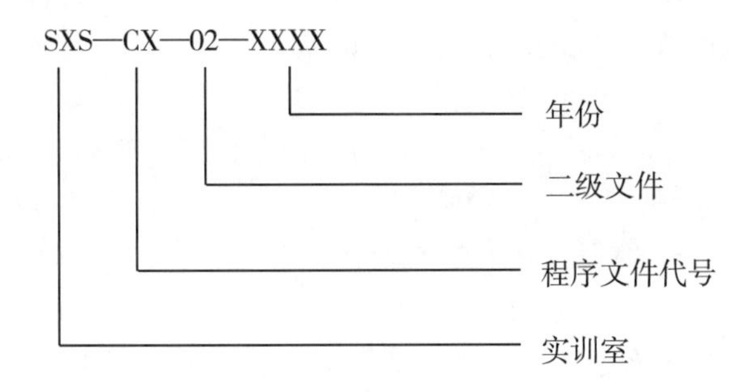

4.2.3 作业文件。

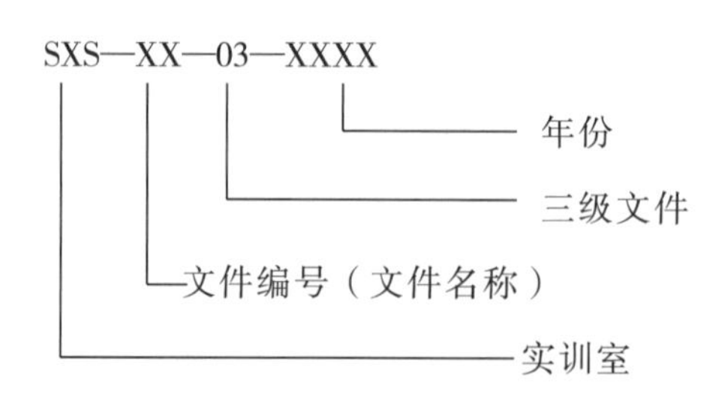

4.2.4 记录表格。

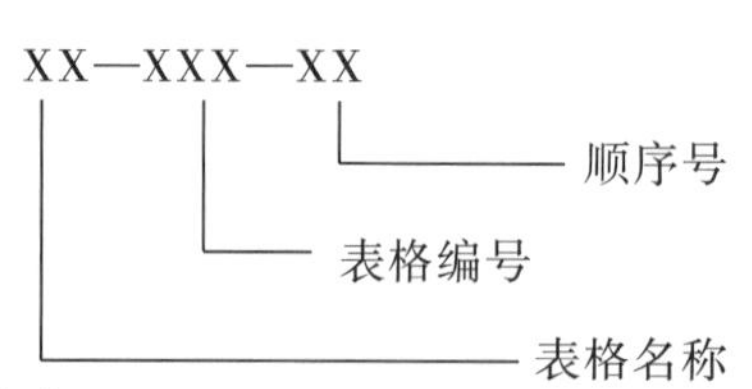

文件应注明版本及修改状态。

4.3 文件的复制、发放及保管。

4.3.1 由各小组编写并经审批的食品安全管理体系文件要汇总到食品教研组由食品教研组登记在《受控文件一览表》中，记录文件的名称、编号、版本、修改状态等，包括所引用的外来法律、法规及标准。

4.3.2 食品安全小组组长依据各小组的使用要求确定文件发放范围，由食品教研组按需要的份数进行复制。

4.3.3 由食品教研组发放文件，确保与食品安全管理体系相关的各小组、现场都获得相关文件的有效版本。当文件发放要受控时，必须在文件封面上加盖“受控”印章，并注明分发号；不受控文件直接分发，领用人需签字，食品教研组不对其进行回收、换版。食品教研组保存《文件发放、回收记录》。

4.3.4 任何小组、个人不得私借他人文件进行复印。如因需要而未发到者应提出申请，经食品安全小组组长批准后，由食品教研组分发。

4.3.5 因破损而需重新领用新文件时，向食品教研组说明情况可领用新文件，并收回旧文件，分发号不变；因丢失而补发的文件，应给予新的分发号，并注明已丢失的文件的分发号失效，食品教研组作好相应的发放、回收记录。

4.3.6 文件的保管。

4.3.6.1 所有食品安全管理体系文件的原稿均由食品教研组存档。

4.3.6.2 发放到各小组的文件由本小组指定专人保管，必须分类存放在干燥通风、安全的地方。并确保文件清晰、整洁、完整。食品教研组每季度对各小组文件保管和使用情况进行检查。

4.3.6.3 任何人不得在有效文件上乱涂、乱画或私自外借，并确保文件的清晰，易于识别和检索。

4.4 文件的更改及作废处理。

4.4.1　当需要对文件进行更改时，由提出者填写《文件申请单》，经原审批人审批后由文件的原编写人进行更改，更改后的文件经重新审批后连同《文件申请单》共同交给食品教研组，食品教研组保存《文件修改记录表》。

4.4.2　由食品教研组调整《受控文件一览表》，收回作废文件，并下发新文件，保存相关收发记录。

4.4.3　收回的作废文件经食品安全小组组长批准后，由食品教研组进行作废处理并保存《文件销毁记录表》。对需保留的作废文件做出相应的标识，防止误用。

4.5　外来文件的控制。

4.5.1　由食品教研组收集和确认适用的国家、行业、地方标准及相应的外来资料。

4.5.2　食品教研组负责对收集来的外来文件，如国家政策、法律法规、国家标准、上级通知等进行有效性确认后加盖“受控”印章并分发到相关使用小组，发放前应由食品安全小组长确认发放范围。当外来文件作废更新时食品教研组负责将旧标准收回，将文件的有效版本发放到各使用小组。

4.5.3　外来文件的获取途径：（1）国家、省、市政府及各相关职能部门；（2）各种会议、专业报刊、杂志、出版社；（3）互联网、电话传真。

4.6　文件的借阅。

4.6.1　食品教研组将所有食品安全管理体系文件的有效版本（不加盖“受控”章）归档保管一份，以备使用小组丢失、损坏时备查及复制。

4.6.2　如需借阅质量管理体系文件时，到食品教研组进行借阅、复制，下发受控文件一定加盖“受控”印章，并记录分发号，借阅文件时要填写《文件借阅记录表》。

4.7　记录及记录表样作为一种特殊形式的文件，其管理按《记录控制程序》中的规定执行。

5　记录

5.1　受控文件一览表。

5.2　文件发放、回收记录。

5.3　文件申请单。

5.4　文件修改记录表。

5.5　文件销毁记录表。

5.6　文件借阅记录表。

记录控制程序

1　目的

为了对实训室所有与食品安全管理体系有关的记录进行控制，确保其清晰、完整、准确、易于识别，以证实产品质量满足要求和食品安全管理体系的有效运行，并为实现产品的可追溯性及采取纠正和预防措施提供依据。

2 范围

适用于本实训室产品质量记录和食品安全管理体系运行记录。

3 职责

3.1 食品教研组负责收集和备案所有的产品质量记录和食品安全管理体系记录表样。

3.2 由各小组负责人组织编制并批准本小组使用的记录表样。

3.3 各小组指定专人负责收集、整理、保存本小组的记录。

4 控制程序

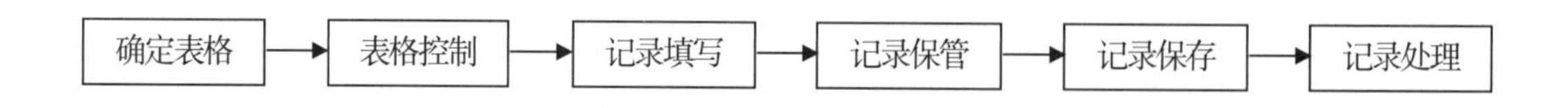

4.1 确定表格：记录表样由各使用小组编制，小组负责人确定并批准，并明确应填写的项目作为记录的标识。每份记录表格应由食品教研组统一赋予唯一编号。

4.2 表格的控制。

4.2.1 各小组将本小组使用的记录表格登记在《记录清单》上，并保存记录表样，同时汇总到食品教研组备案。

4.2.2 食品教研组将所有的记录表格登记在《记录清单》中，并保存所有的记录表样。

4.3 记录填写。

由各小组按实际运行情况进行记录的填写，做到填写及时、真实、内容齐全、字迹清楚、不得随意涂改；如因笔误或计算错误要修改记录时，将填写错误的项目用单杠划去再填上正确的，并由更改人签字注明日期。

4.4 记录保管。

4.4.1 各小组指定专人将所有的记录按类别及日期顺序整理好，存放于通风、干燥的地方，确保记录保存完好、不丢失、不损坏，所有的记录保持清洁。

4.4.2 各小组保管的记录应装订成册，并施加一定的保护，装订成册的记录要做好标识，并分类存放在固定的地方，便于查找和检索。

4.5 记录保存。

4.5.1 产品记录的保存期不低于 3 年，并符合法律法规和相关要求。

4.5.2 其余的食品安全管理体系记录保存期限不得少于 3 年。

4.6 记录处理。

记录如超过保存期或特殊情况需要销毁时，由责任小组负责人填写《文件销毁记录表》，经食品安全小组组长批准后，由授权人执行销毁，销毁人和监毁人同时在记录上签字。

5 记录

5.1 记录清单。

5.2 文件销毁记录表。

信息沟通控制程序

1　目的

为了及时、准确地收集、传递、交流有关食品安全管理信息，规范信息交流及反馈的方法，确保食品安全管理体系有效实施，特制定本程序。

2　范围

本程序适用于实训室内部信息的传递与处理，以及与外部食品链的信息交流。

3　职责

3.1　负责老师确保建立适当的信息沟通渠道和方法，指定与外部沟通的负责人。

3.2　食品教研组负责信息的收集和传递。

4　控制程序

4.1　信息沟通的原则。

4.1.1　信息沟通的形式可以是口头的，也可以是书面的，它可以利用任何的通信和传输工具传输。

4.1.2　为了能更好地利用信息来完善和改进实训室的食品安全管理体系，食品教研组在接到信息后，应对信息的可靠性进行确认，确认信息的内容准确可靠后应及时传输。

4.1.3　对于紧急信息应当即进行确认，并立即进行传输。

4.1.4　信息沟通的记录应保持。

4.2　内部信息沟通。

4.2.1　内部沟通目的：确保实训室内各老师同学都能获得充分的相关信息和数据，应通过适当的方法及时沟通，以保证信息传递的正确性和及时性，有助于提高实训室食品安全管理体系运作效率；同时有利于实训室的食品安全危害的识别与控制。

4.2.2　内部沟通方式：(1) 网络传递；(2) 内部文件；(3) 工作例会；(4) 口头或电话形式。

4.2.3　沟通内容：(1) 产品或新产品信息；(2) 原料、辅料和服务；(3) 生产系统和设备运行状况；(4) 生产场所，设备位置，周围环境；(5) 清洁和卫生计划落实信息；(6) 包装、贮存和分销体系信息；(7) 人员资格水平及职责和权限分配；(8) 法律法规要求变更信息；(9) 与食品安全危害和控制措施有关的知识；(10) 实训室应遵守的行业和其他要求；(11) 来自外部相关方面的有关问询；(12) 影响食品安全的其他条件。

4.2.4　由食品教研组作好信息收集和整理并传递到相关小组和食品安全小组，各小组作好相应信息记录并予以落实。

4.2.5　在内部沟通中，食品安全小组应确保识别和获得其所需的信息，并作为体系更新和管理评审输入。

4.3　外部信息沟通。

4.3.1　外部信息沟通对象和内容

4.3.1.1　与供方的沟通：沿食品链的相互沟通，目的在于能有效地进行危害识别、评价和控制——既要在实训室内部进行，也要在食品链中进行，控制应在必要的可行的所有其他一切环节中实施，沟通内容包括有关食品安全危害和有关控制措施等内容。

4.3.1.2　与食用人群的沟通：目的在于提供满足食用人群要求的食品安全水平的产品，有助于食品安全危害的识别与控制。

4.3.1.3　与产品设计小组间的沟通：目的为确定食品安全水平及实训室有能力达到该水平提供信息。

4.3.1.4　对食品安全管理体系的有效性或更具有影响或将受其影响的其他组织的沟通，如认证或咨询机构。沟通内容包括国家或行业有关的食品安全控制要求和控制标准，了解食品安全危害控制方面的新信息。

4.3.2　由负责老师指定食品安全小组组长负责外部沟通。

4.3.3　沟通方法：电话、网络沟通，收集有关资料等。

4.4　信息分析和汇总。

由食品教研组将沟通得到的信息进行整理、分类和汇总、形成《内外部沟通记录》，必要时对食品安全管理体系进行更新。

4.5　信息反馈。

由食品教研组按各小组职责分工将信息分别传递到各职能小组，所有的信息全部传递到食品安全小组，作为食品安全管理体系更新和管理评审的输入之一。

5　记录

5.1　内外部沟通记录。

5.2　意见处置记录表。

人力资源控制程序

1　目的

按发展和食品安全管理体系的要求，所有与食品安全活动有关人员都要接受培训，使其能掌握岗位技能和必要的管理知识，对从事特殊工作的人员进行资格考核，以保证食品安全管理体系的有效运行。

2　范围

本程序适用于所有从事对食品安全有影响的工作人员（包括上课学生、社团人员）的培训和特殊岗位工作人员资格考核。

3　职责

3.1　食品教研组是本过程的归口管理小组，负责岗位入职要求的确定，培训计划的编制与实施、人员资格考核及培训档案的建立、保存与管理。

3.2　各小组负责本小组培训需求的确定及培训计划的实施。

3.3　负责老师负责岗位入职要求的确认。

4　控制程序

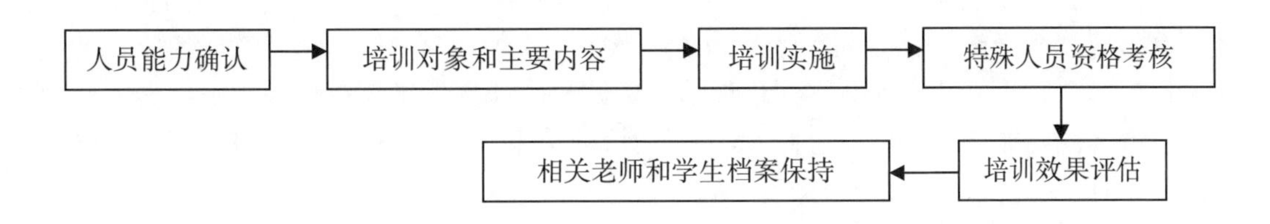

4.1　人员能力的确认。

4.1.1　食品教研组组织相关人员制定与食品安全管理有关岗位人员的能力要求，形成《岗位要求》，经负责老师批准后实施。

4.1.2　由食品安全小组组长组织各小组负责人对各岗位上的人员进行能力确认，并保存《资格认定和工作评估表》。

4.2　培训对象和主要内容。

4.2.1　管理层人员的培训内容：（1）实训室管理知识和食品安全管理标准；（2）有关的法律法规及食品安全危害控制和预防的相关知识的培训。

4.2.2　专业技术人员培训的主要内容：（1）有关的法律法规国家有关食品安全卫生标准知识的培训；（2）各类专业技术和知识的培训；（3）新的工艺和行业新技术的培训。

4.2.3　作业人员培训的主要内容：（1）岗位操作规程和相关的法律法规、标准；（2）相关的食品安全危害控制措施；（3）操作性前提方案的实施；（4）本岗位中存在的潜在的事故、事件及应急预案和响应措施。

4.2.4　上述这些人员应接受如下内容培训：（1）岗位所需要的质量、食品安全管理基础知识的培训；（2）特殊工种、特殊过程（食品检验）所应具备的知识、技术和技能的培训；（3）监视人员还应接受适宜的监视技术和在过程失控时应采取必要措施的培训。

4.3　培训实施。

4.3.1　编制培训计划。

4.3.1.1　各小组依据本小组的工作需要，于每年初提出本小组的培训计划，经小组负责人批准后报食品教研组。

4.3.1.2　食品教研组依据各小组提交的培训需求申请和人员素质现状及食品安全管理体系运行和实训室发展的需要，制订年度培训计划，在培训计划中规定培训对象、培训时间、培训内容、培训教师、负责实施小组、考核方式。经食品安全小组组长批准后实施。

4.3.2　培训的组织管理。

4.3.2.1　需派人员外出培训时，由相关小组提交外出学习报告，主管领导审核，经负责老师批准后（报告应存档），派人员外出培训，学习结束持相关证明到食品教研组登记备案。

4.3.2.2　按培训计划的要求，由负责实施小组组织进行，并保存培训记录及签到簿。
4.3.2.3　培训后由食品教研组组织进行考核，由主讲教师进行评分，并将考核结果记录在《食品生产经营人员培训记录》中。
4.3.2.4　培训原则：（1）培训实施方案要结合实际切实可行，注重质量，按需施教，学用结合；（2）保证人员落实，对重要岗位人员应强化培训；（3）聘用有资格的教师，并编写合格的教案，有完整的授课记录；（4）严格考勤和课堂纪律，食品教研组应定期检查，以保持良好的学习环境；（5）培训结束考试，由食品教研组在任课教师拟卷的基础上组织考试，安排监考，并批卷；（6）每期培训结束所形成的记录和资料应及时整理，由食品教研组归档。
4.4　培训效果评估。
4.5　培训后确保相关老师和学生的意识都有所提高。
4.5.1　质量方面：认识到所从事的质量活动对最终产品质量的相关性和重要性，以及如何为实现质量目标作出贡献。
4.5.2　食品安全方面，认识到：（1）符合前提方案和 HACCP 计划的重要性；（2）工作活动中实际的或潜在的重大环境影响，以及个人工作的改进所带来的食品安全保障。
4.6　相关老师和学生档案的保存：食品教研组负责建立相关老师和学生档案，保存各类上岗资格证件的复印件。

5　记录

5.1　年度培训计划。
5.2　食品实训人员培训记录。
5.3　资格认定和工作评估表。

产品标识及可追溯性控制程序

1　目的

为确保能够识别产品批次及其与原料批次、加工记录的关系，建立可追溯性系统，特制定此程序。

2　范围

适用于本实训室所有原辅料，生产过程中的半成品（包含边角料）、成品及仓储过程中的产品的标识。

3　职责

3.1　由生产小组负责建立并实施可追溯性系统。
3.2　生产小组负责对生产过程中产品的标识，并对半成品和终产品进行标识。
3.3　各小组负责本小组生产过程中从原料、半成品、成品等标识的记录、检查、整理和保存。

4　控制程序

4.1　采购产品标识。

4.1.1　标识种类：（1）标签：指挂牌或贴签；（2）记录：记录本、台账、流程卡；（3）记号。
4.1.2　原料标识，内容主要有：生产日期、生产批号。
4.1.3　对进口原料要求供方提供较详细的中文资料。
4.1.4　外购包装箱、袋、纸等产品要有明显的区分标识，并提供标识区分方法。
4.1.5　消毒液、清洗剂及化验用药品要有明显标识，标识内容：品名、用途等。
4.1.6　对外购原料仓库要区域性挂牌标识，要有原料名称、数量，入库单要记录入库时间、供方名称等主要内容：（1）对不同厂家相同原料及相同厂家不同原料要分别标识；（2）对易燃易爆、有毒、腐蚀性物品要有明显标识；（3）对易变质物品要有明显标识，保证定期检查。
4.2　生产过程标识。
4.2.1　配料工序要求填写记录，内容为：物料量、生产产品名称、配料人、复核人、各种原辅料添加量等。
4.2.2　各生产工序应填写相应的操作记录。
4.3　成品的标识。
4.3.1　包装工序标签要求：产品标签应按照 GB 7718—2011《食品安全国家标准　预包装食品标签通则》和 GB 28050—2011《食品安全国家标准　预包装食品营养标签通则》的要求标识。
4.3.2　产品状态标识。
4.3.2.1　可应用标识、标签区域，来区分不同检验状态的产品，各岗位注意识别和保护标识。严格管理，不得涂改、丢失，生产过程中严格管理状态变化标识。凡是检验合格的有标识的产品，可以不用状态标识，若没有产品标识应加合格标识。
4.3.2.2　检验和试验状态标识分类：未检、已检待定、不合格、合格。
4.3.2.3　原辅料、包装材料的标识：未经检验或待检的原辅料、包装材料实训采购应标识产地、产品名称、数量、规格及入库时间；经品控部判定为合格的原辅料、包装材料，仓库保管员应分别进行标识；标签应采用卡片，写清产品的检验状态及结论：不合格、合格、已检待定、未检。
4.3.2.4　已配小料的标识：品名、数量、用途、配料日期和时间、配料人、复核人。
4.4　标识控制。
4.4.1　标识管理和发放：（1）原料、材料成品库房的标识，由保管员统一印制、保管、发放；（2）生产过程的标识，由各生产小组印制保管和发放。
4.4.2　无标识或标识不清产品的处理：（1）由保管员组织有关小组进行鉴定，能鉴定的重新标识，无法定性的上报有关小组做报废处理；（2）成品无标识可拆箱查看后标识；（3）半成品无标识由化验取样进行分析，如无法判断，由生产小组提出处理意见。
4.4.3　所有标识，各单位要定期进行检查，生产小组每月进行一次标识情况的检查。
4.5　可追溯性。
4.5.1　根据《原辅料进货检验报告》可追溯到生产单位、生产批号、入库时间、检验人。

4.5.2 根据《配料表》追溯到原辅料添加量、配料人、复核人、配料时间，根据生产工序操作记录可以追溯到该工序的具体操作内容。

4.6 可追溯的路径。

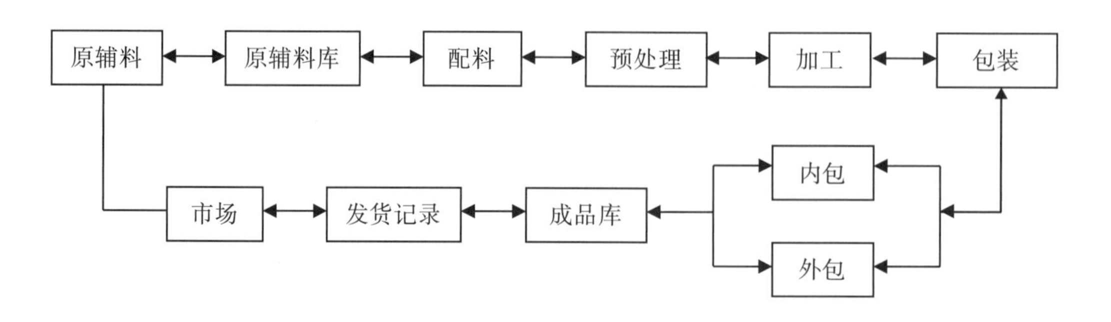

5 记录

5.1 原辅料进货检验报告。

5.2 配料表。

内部审核控制程序

1 目的

本程序规定了本实训室定期进行内部食品安全管理体系审核活动的要求，确保其食品安全管理体系实施并保持有效运行。

2 范围

本程序适用于本实训室内部审核活动的控制。

3 职责

3.1 由负责老师负责批准《年度内部审核计划》，协调审核中出现的问题，任命审核组长和内审员。

3.2 审核组长负责编制每次审核计划，并负责审核工作的管理，负责对纠正和纠正措施的确认及效果验证。

3.3 食品教研组负责内审资料的保管。

3.4 责任小组对审核中开具的不合格报告，及时分析原因，制定纠正措施并实施。

4 控制程序

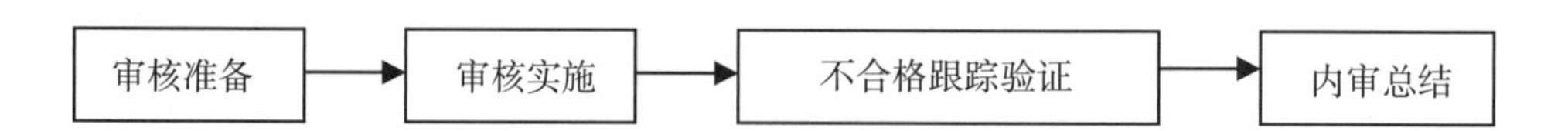

4.1　审核准备。

4.1.1　审核计划。

4.1.1.1　由审核组长负责编制《年度内部审核方案》，由负责老师审批后实施，应根据审核的活动、区域内容的重要性和现状来编制。一般情况内部审核对本实训室食品安全管理体系所涉及的小组，至少每年审核一次并覆盖全部要素。当出现下述情况时，增加内审次数，组织特殊内容的审核：（1）实训室的组织结构程序有重大变动时；（2）产品食品安全危害控制出现较大波动时。

4.1.2　由审核组长制订《年度内部审核计划》并提前5天向受审核小组发出。《年度内部审核计划》内容包括：（1）受审核小组、审核项目、范围、日期；（2）审核依据文件；（3）审核的主要项目及时间安排；（4）审核员的分工。

4.1.3　组成审核组：食品安全小组组长任命审核组长和审核员，确认审核组成员的资格。

4.1.3.1　应经过标准培训并取得内审员资格证书或内部培训形成培训记录。

4.1.3.2　应为与被审核区域无直接责任者，审核员不能审核自己的工作。

4.1.4　由审核组长组织制定审核专用文件包括：（1）编制检查表、收集并审核有关文件；（2）准备内部管理体系审核所用表格等。

4.1.5　受审核小组收到《年度内部审核计划》后，如果对审核项目安排有异议，可在2天内通知审核组，审核组长将提出的情况上报食品安全小组组长批准后调整。

4.1.6　受审核小组要确定陪同人员，并须作好接受审核的准备工作。

4.2　审核实施。

4.2.1　进行简短的首次会议，然后进行现场审核。

4.2.2　审核工作按照《内审检查表》进行，审核员通过交谈、查阅记录、文件、检查现场、随机抽样方式收集证据并做好《内审检查表》。

4.2.3　审核员应记录审核的结果，包括：（1）审核的活动、区域、过程和适当的产品和活动范围；（2）审核发现的不合格之处；（3）上次内审发现的不合格所采取纠正措施的结果；（4）提出改进建议。

4.2.4　现场审核发现问题时，应及时得到受审核小组的确认。

4.2.5　上述审核结束后，由审核组长主持召开由审核小组负责人及相关人员参加的末次会议，说明不合格报告的数量和分类，并对其食品安全管理体系运行情况作出恰当的总结。同时，还应宣布审核报告发布日期等，末次会议同首次会议相同，要签到和做《内部审核报告》。

4.2.6　按末次会议确定的不合格项，由审核组成员填写《不符合报告》，并经受审小组确认，要求：（1）不合格事实描述清楚、客观证据确凿；（2）明确不合格类型及不符合的条款号。

4.2.7　末次会议后审核组结束现场审核。

4.3　不合格项封闭的跟踪、验证。

4.3.1　出现不合格项的责任小组的负责人组织分析不合格原因，制定纠正措施，报审核组审核，食品安全小组组长批准。由责任小组组织实施。

4.3.2　审核员负责纠正措施实施情况的验证。

4.4 审核报告。

4.4.1 由审核组长负责在末次会议结束后一周内，写出“内部审核报告”并确认发放范围。

4.4.2 审核报告包括：(1) 审核的目的、范围、日期；(2) 审核组成员和受审小组及其负责人、主要参加人；(3) 审核依据的文件；(4) 不合格项的观察结果，全部不合格报告单附后；(5) 审核综述及质量体系运行有效性的结论性意见；(6) 薄弱环节及改进建议。

4.4.3 审核报告经食品安全小组组长审核批准后，按已确定的分布范围，食品教研组发至有关小组，并填写发放记录。

4.4.4 审核报告发放范围：(1) 负责老师、食品安全小组组长；(2) 各受审核小组及生产车间和库房。

4.5.5 审核报告作为管理评审输入资料之一。

4.5 食品安全管理体系的年度审核报告。

4.5.1 年度审核计划完成后，对所有小组、所有要素内部审核以后，食品安全小组组长组织审核员对整个食品安全体系的运行情况进行一次总的分析，写出一份全面的审核报告，并提交负责老师作为管理评审输入。

4.5.2 《内部审核报告》的内容包括：(1) 内部食品安全管理体系的审核年度计划完成情况；(2) 审核的目的和范围；(3) 审核的依据文件；(4) 各次审核的组长和审核员名单；(5) 各类不合格项数量；(6) 不合格项的说明及纠正措施完成情况；(7) 对整个食品安全体系总的评价，并提出改进意见；(8) 审核报告的批准与分发范围等。

4.6 由食品教研组整理并保存所有的内部审核记录和有关资料。

5 记录

5.1 年度内部审核方案。

5.2 内部审核计划。

5.3 现场审核计划。

5.4 内审检查表。

5.5 首次/末次会议记录。

5.6 不符合报告。

5.7 内部审核报告。

纠正措施控制程序

1 目的

本程序规定了实训室针对已发生的不合格现象进行调查、分析原因并制定纠正措施。防止不合格现象再发生，促进食品安全管理体系的持续改进。

2 范围

本程序适用于实训室对食品安全管理体系运行中已发生的不合格现象的分析和改进。

3 职责

3.1 品控部是本程序的归口管理小组。负责组织责任小组对不合格现象分析原因，制定纠正措施，并对其实施效果进行验证。

3.2 其他有关小组负责对不合格现象的统计及分析制定和实施纠正措施。

4 控制程序

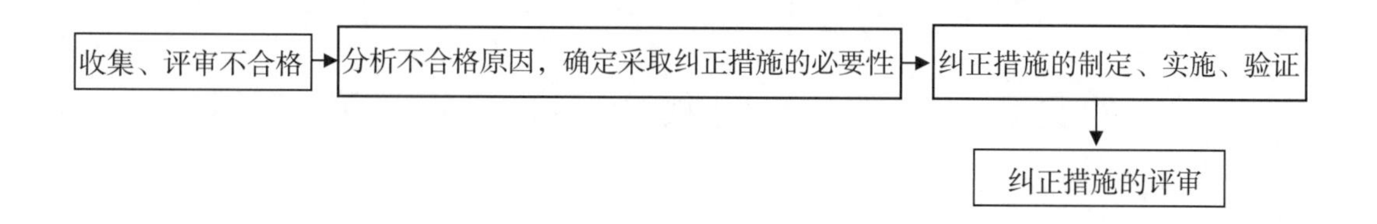

4.1 收集、评审不合格。

4.1.1 本程序中所指不合格包括：（1）日常监督检查中发现的不合格项；（2）产品质量检验中发现的不合格品。

4.1.2 各小组每月向相关负责老师汇报本月所发生的食品安全管理体系中出现的不合格项和不合格品。

4.2 分析不合格原因确定采取纠正措施必要性。

4.2.1 内审发现的不合格必须采取纠正措施，执行《内部审核程序》。

4.2.2 严重不合格产品及顾客投诉必须采取并制定纠正措施。

4.2.3 产品质量连续发生两次以上一般不合格或轻微不合格时应制定纠正措施。

4.2.4 属于下列不合格应采取纠正措施：（1）职责权限不清不全；（2）资源配备不合理；（3）能力不足；（4）目标或指标不合理；（5）体系文件不合理或未规定。

4.3 纠正措施的制定、实施和验证。

4.3.1 内部审核发现的不合格。

4.3.1.1 由不合格发生小组组织制定纠正措施，具体按相应的规定执行。

4.3.1.2 纠正措施内容包括：纠正措施的项目和步骤、计划完成时间、执行小组及责任人。

4.3.2 产品不合格。

由品控部组织相关责任小组制定纠正措施，并经小组组长确认后实施，由责任小组按经批准的纠正措施进行实施，品控部负责跟踪验证纠正措施的执行情况，并将实施情况和结果记录在《纠正和纠正措施报告》上，《纠正和纠正措施报告》由责任小组保存。

4.3.3 生产过程不合格。

4.3.3.1 由品控小组组织相关责任小组制定纠正措施，生产小组负责人审核实施。

4.3.3.2 由生产小组按批准的纠正措施进行实施，品控小组负责跟踪验证纠正措施的执行情况，并将实施情况和结果记录在《纠正和纠正措施报告》上，《纠正和纠正措施报告》由责任小组和生产小组各保存一份。

4.4　纠正措施的评审。

品控小组负责人负责在每项纠正措施完成后对纠正措施的实施效果进行评审，确定是否需要采取更进一步的措施。依据评审的要求，在管理评审时需将纠正措施汇总提交管理评审。

5　记录

5.1　纠正和纠正措施报告。

原辅料/食品包装材料安全卫生控制程序

1　目的

选择合格的供应商并对采购活动进行管理，确保采购的原（辅）料/食品包装材料符合规定要求。

2　范围

本程序适用于组成实训室所属产品的原（辅）料/食品包装材料的采购管理。

3　职责

3.1　实训采购是归口管理小组，负责组织相关小组对供方进行评价和选择确定合格供方名录，并进行原（辅）料/食品包装材料的采购。

3.2　品控部负责提供原辅材料的质量标准，化验员对所采购的主要原材料进行验收。

3.3　实训采购人员负责签订采购合同和制订采购计划并实施。

3.4　由生产小组负责申请需紧急放行的原料，经负责老师紧急放行批准后，方可放行。

4　控制程序

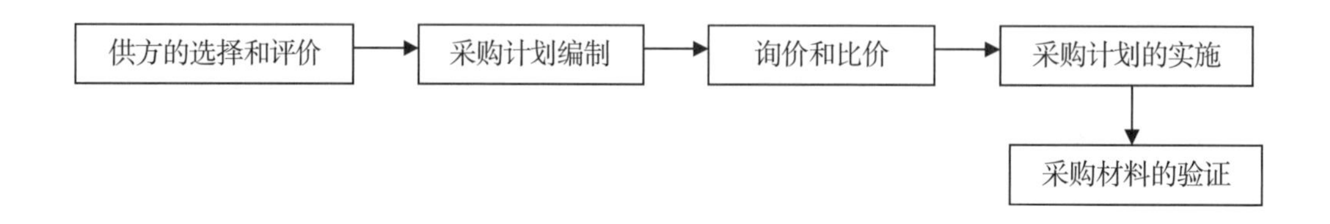

4.1　供方的选择和评价。

4.1.1　生产小组根据所采购材料对成品质量的影响程度，将其分为主要原材料与辅助材料二类：（1）主要原材料：形成产品主要功能如面粉、食用盐、玉米淀粉、食用酒精等；（2）辅助材料：包装材料等。

4.1.2　由采购部制定《合格供应商评定记录表》，对供方的质量能力、供应能力、价格、管理等作出规定，作为评价和选择供方的参考依据。

4.1.3　对于提供主要材料的供方，由采购老师组织品控小组、生产小组、研发小组进行供方资质评审，必要时对供方的食品安全管理体系进行文件审核或对供方进行现场评审。实训采购填写《合格供应商的名录》。

4.1.4 对于提供辅助材料的供方，进行产品质量信誉调查和有关证明文件的验证。
4.2 样件检验和产品质量确认。
4.2.1 如需进行样品确认，由采购人员通知供方送交样品，采购人员需对样品提出详细的技术、质量要求，如名称、检验报告、包装方式等。
4.2.2 样品应为供方正常生产情况下的代表性产品。
4.2.3 样品送达实训室后，由品控部对样品的质量进行检验和评价，并填写《原辅料进货检验报告》。
4.2.4 经确认合格的样品，要贴上样品标签并注明合格或不合格，标识检验状态。
4.3 确定合格供方名录。
4.3.1 依据对供方质量保证能力的评价结果和样品评价结果，确定合格供方名录，并将其列入《合格供应商的名录》，交负责人批准。
4.3.2 原则上一种材料，要有三家以上的合格供应商，以供采购材料时进行选择。
4.3.3 对于唯一的供方或独占市场的供方可以直接列入《合格供应商的名录》。
4.3.4 每年由实训采购对供方进行再评价后，依据评价后的结果重新修订《合格供应商的名录》，修订后的《合格供应商的名录》由负责老师批准后生效。
4.4 采购信息。
4.4.1 采购信息包括：原辅材料质量标准、采购计划或采购合同。
4.4.2 主要材料采取《订货合同》或订单方式进行，合同中必须注明如下内容：（1）供方资料：名称、地址、联系人、联系方式、开户银行；（2）采购材料的详细描述：品名、型号、规格、采购数量、计量单位、技术标准和验收标准，有特殊要求的应特别注明；（3）价格：单价、合同总额、定金或预付款；（4）付款方式；（5）交付期，分批交付时应明确每批的交付时间和交付数量；（6）供货地点、包装方式、运输方式、到达站港和费用负担；（7）违约的罚则、解决合同纠纷的方式。
4.4.3 适当时，合同中还应包括如下信息：（1）产品、程序、过程和设备的批准要求；（2）操作人员资格要求；（3）供方管理体系要求。
4.4.4 辅助材料采取《请购单》的形式明确采购信息：（1）采购产品的数量；（2）到货日期及供方等。
4.4.5 所有的采购信息经负责人审批后方可与供方进行沟通。
4.5 原（辅）料/食品包装材料的验收要求和程序。
4.5.1 实训采购通知品控部进行物料验收。
4.5.2 验收程序。
4.5.2.1 品控部负责制定《原辅料验收作业指导书》，作业指导包含原辅材料名称、技术要求、检验方法、标签标识、入库验收规则等。
4.5.2.2 实训采购根据到货日期、到货品种、规格、数量等，通知仓库和品保准备来验收和检验工作。
4.5.2.3 来料后，由仓库人员及时通知品控小组人员到现场检验。
4.5.2.4 品控部人员接到检验通知后，到库房按《原辅料验收作业指导书》进行检验，检验时除了按《原辅料验收作业指导书》要求项目检验外，还需对送货车辆进行检查，内容包含以下几点：（1）属于冷冻的原辅料需对车厢温度和产品温度进行检查，要求车厢温度≤-18℃；（2）所有原辅料都需对车辆卫生进行检查，要求清洁、无异味（不可发现与有毒有害品、化学品混装现象；不能发现装载过有毒有害品、化学品的残留物及残留味道），检验合格后填写《原辅料进货检验报告》并通知仓库入库入账。验收记录包含产品的名称、规格、数量、生产批号、保质期、供货者名称及联系方式、进货日期、产品许可证证号或票据号及其他合格证明文件编号等内容，保留相关证件、票据及文件。

4.5.2.5　资质文件验收。

4.5.2.5.1　进口的食品原辅材料及包装材料应当符合我国食品安全国家标准。企业采购进口的食品原辅材料及包装材料，应当向供货者索取有效的检验检疫证明。

4.5.2.5.2　从流通经营单位（超市、批发零售市场等）批量或长期采购时，应当查验并留存加盖有公章的营业执照和食品流通许可证等复印件；少量或临时采购时，应确认其资质并留存盖有供货方公章的每笔送货单。

4.5.2.5.3　从农贸市场采购的，应当索取并留存市场管理小组或经营户出具的加盖公章（或签字）的购物凭证；从个体工商户采购的，应当查验并留存供应者盖章（或签字）的许可证、营业执照或复印件、购物凭证和每笔供应清单。

4.5.2.5.4　从超市采购畜禽肉类的，应留存盖有供货方公章（或签字）的每笔购物凭证或每笔送货单；从批发零售市场、农贸市场等采购畜禽肉类的，应索取并留存动物产品检疫合格证明以及盖有供货方公章（或签字）的每笔购物凭证或每笔送货单；从屠宰企业直接采购的，应当索取并留存供货方盖章（或签字）的许可证、营业执照复印件和动物产品检疫合格证明。

4.5.2.5.5　对无法提供合格证明文件的食品原辅材料及包装材料，企业应当依照食品安全标准进行自行检验或委托检验，并保存检验记录，不得采购或者使用不符合食品安全标准的食品原辅材料及包装材料。

4.5.2.5.6　食品原辅材料、包装材料及其标签应符合国家法律、法规、标准的规定。储运图示的标志应符合 GB/T 191 的规定，预包装食品标签应符合 GB 7718 的规定，预包装食品营养标签应符合 GB 28050 的规定。

4.5.3　经过验收合格的物料，品控负责人须签字确认，方可办理正式入库手续。

4.5.4　需要到现场验收采购的材料时，应在采购合同或采购计划中规定到供方现场的检验安排并规定放行方式。

4.5.5　由品控小组指定专人保存并整理《原辅料进货检验报告》。

4.5.6　紧急放行。

4.5.6.1　由生产小组负责申请需紧急放行的原料，经负责人紧急放行批准后，方可放行。

4.5.6.2　生产小组负责对该批原料和生产记录进行“紧急放行”标识，以便将来追溯。

4.5.6.3　由品控小组对该批原料进行取样检验，当发现不合格时应马上与生产小组进行沟通以便隔离使用了该原料的产品，对该批产品进行化验分析，发现不合格应按不合格品的相关要求执行。

4.6　物品保管及标识。

4.6.1　保管员对库中物资发放建立台账，账物卡相符。

4.6.2　按物品的特点，分类、分规格存放，同时做好防雨、防潮、防晒、防燃措施，对易燃、易挥发、串味的物品，作好特殊保管。

4.6.3　作好标识、用标牌法标清：物品名称、规格、供方、入库期、库存量等。

4.6.4　由实训老师负责对生产小组所用物品的保管、使用情况进行检查并作记录。

4.7　物品使用。

4.7.1　使用人员凭领料单将物品领出。

4.7.2　物品出库：本着先进先出的原则。

5　记录

5.1　合格供应商评定记录表。

5.2　采购计划。

5.3　请购单。

5.4　合格供应商名录。

5.5　原辅料进货检验报告。

应急准备与响应控制程序

1　目的

识别可能发生的紧急情况并制定相应的应急措施，避免紧急情况给产品带来危害和较大的经济损失。

2　范围

适用于本实训室产品采购、贮存、生产、交付过程中所发生的紧急情况的管理。

3　职责

3.1　相关负责人组织各相关小组识别采购、生产和成品储存环节可能出现的潜在紧急情况，并对应急措施进行审批。

3.2　生产小组是归口管理小组，负责组织识别紧急情况并组织制定应急措施和响应预案，同时负责当紧急情况发生后启动紧急措施和应急预案。

3.3　负责人负责定期组织对应急措施和响应预案进行评审和演练。

4　控制程序

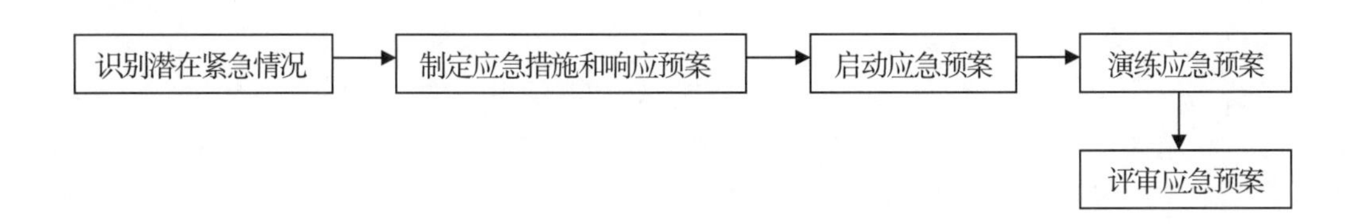

4.1　识别潜在紧急情况。

突然停电、停水、设备故障、各类禽流感疫情、食品安全事故等紧急情况。

4.2　培训和演练。

4.2.1 培训：由生产小组组织对有关人员进行应急措施和响应预案的培训使所有有关人员都了解应急措施，确保当紧急情况发生后能及时启动应急预案，减少或避免由于紧急情况发生所带来的损失和影响。

4.2.2 演练：如可行，由生产小组组织进行应急措施响应预案的演练，以判断和证实应急措施和响应预案的有效性，在演练前由生产小组经理策划演练方案，演练结束后由生产小组经理组织对演练情况进行总结，同时，对应急措施和响应措施的有效性和适宜性进行评审，并保存应急措施和响应预案的演练记录。

4.3 一旦紧急情况发生，各小组应按响应措施作出响应，事后分析原因，对应急措施进行评审，必要时进行修订，由生产小组保存《意外事故调查表》。

4.4 每年对应急措施和响应预案进行评审。

5 记录

5.1 意外事故调查表。

纠偏控制程序

1 目的

当发生关键限值超出和操作性前提方案失控时，采取措施防止关键限值再次发生偏离，同时，采取措施对偏离期间生产的产品进行纠正，以满足食品安全危害的控制。

2 范围

适用于对关键限值发生偏离和操作性前提方案失控期间所生产产品的控制。

3 职责

3.1 生产小组负责纠偏措施的制定、执行情况检查、制定措施防止关键限值偏离。

3.2 品控小组的化验室负责纠偏措施实施过程的跟踪检测。

3.3 生产小组负责纠偏措施的实施。

4 控制程序

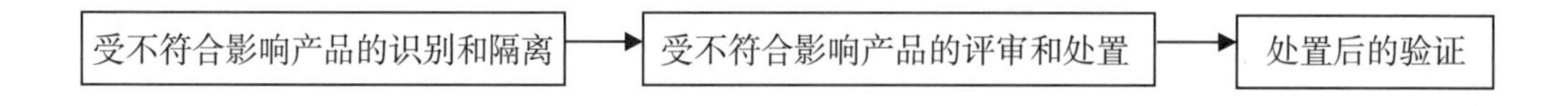

4.1 受不符合影响的终产品的识别，包括在下列情况下生产的产品。

4.1.1 超出关键限值的条件下生产的产品也为潜在不安全产品。

4.1.2 不符合操作性前提方案条件下生产的产品。

4.2 隔离、记录和存放。

4.2.1 被识别的受不符合影响的产品与其他产品隔离并立醒目标识。

4.2.2 向生产小组发出通知并保持不符合的记录。

4.2.3 受不符合影响的产品待处理期间由专人看管，防止误用或误流。

4.3　受不符合影响产品的评审和处置。

4.3.1　由生产小组视不符合情况决定对不符合产品的评价方法和内容：（1）如果金属探测关键控制点出现偏离则需要重新返工；（2）如果产品关键控制点发生偏离，由内部实验室进行终产品的微生物检验；（3）如果操作性前提方案发生偏离，由内部实验室进行终产品的微生物检验或内部综合评审。

4.3.2　受不符合影响的产品按如下方式进行处置：（1）在已经超出关键限值的条件下生产的产品也叫潜在不安全产品，按《潜在不安全产品控制程序》的规定进行处理；（2）对于不符合操作性前提方案条件下生产的产品，评价时还要考虑不符合原因和由此对食品安全造成的后果，并在必要时按《潜在不安全产品控制程序》的规定进行处理。

4.4　对偏离的情况应由生产小组制定措施，记录于《纠正和纠正措施报告》中，对已经偏离的操作参数进行调整，对未执行前提方案要求的情况进行整顿。

4.5　由食品安全小组负责对纠偏情况进行验证检查，并对处置后的产品进行验证，保存重新验证记录。

5　记录

5.1　纠正和纠正措施报告。

潜在不安全产品控制程序

1　目的

为确保潜在不安全产品得到有效的控制，防止不安全产品误流和误用，特制定本程序。

2　范围

适用于所用偏离状态运行程序和控制措施条件下生产的潜在不安全产品的控制。

3　职责

3.1　本过程的归口管理小组为生产小组，负责采取措施处理所有潜在不安全产品，防止不安全产品进入食品链。

3.2　实验室负责对潜在不安全产品进行验证。

3.3　品控部负责对不安全产品进行评估及参与处置方案的制定和评审。

4　控制程序

4.1　确定潜在不安全产品。

在超出关键限值的条件下生产的产品全部视为潜在不安全产品，由负责人确定偏离产品的范围，然后进行隔离并作出明确标识。

4.2　评估和检测。

由品控小组进行食品安全危害评估，决定是否超出确定的可接受水平，依据评估结果由实验室对潜在不安全产品进行抽样检测，并将检测结果传递到品控部，由品控小组负责人组织评审决定潜在不安全产品处理办法。

4.2.1　经评审受不符合影响的产品满足如下情况时，可进入食品链：（1）相关的食品安全危害已降至规定的可接受水平；（2）相关的食品安全危害在产品进入食品链前将降至确定的可接受水平；（3）尽管不符合，但产品仍能满足相关的食品安全危害规定的可接受水平。

4.2.2　经评审受不符合影响的产品满足如下情况时，受不符合影响的每批产品在分销前可作为安全产品放行：（1）除监视系统外的其他证据证实控制措施有效；（2）证据显示，针对特定产品的控制措施的整体作用达到预期效果；（3）充分抽样、分析和充分的验证结果证实受影响的批次产品符合被怀疑失控的食品安全危害确定的可接受水平。

4.2.3　当不符合4.2.1和4.2.2条规定的情况时所有潜在不安全产品，一般采用如下方法进行处理：（1）在实训室内或实训室外重新加工或进一步加工，以保证食品安全危害消除或降至到可接受水平；（2）销毁和按报废处理。

4.3　潜在不安全产品处理后由品控部对其安全危害水平重新进行验证并保持《潜在不安全产品评审处理记录》。

4.4　在对受不符合影响产品按上述要求评价时，所有受不符合影响的批次产品应由实训室进行隔离存放，并由专人看管，以防丢失或误流。

5　记录

5.1　潜在不安全产品评审处理记录。

产品撤回控制程序
（此部分内容可参考产品追溯章节做模拟演练）

1　目的

当交付后的产品可能有批量的不安全（包括存在安全危害）时，能及时将有关信息通知相关方，并实施产品撤回，并迅速完全地使有关产品得到控制，避免或降低危害的影响。

2　范围

适用于实训室按照规定程序，对由其生产原因造成的某一批次或类别的不安全食品，通过换货、退货、补充或修正消费说明等方式，及时消除或减少食品安全危害的活动。

3　职责

3.1　食品安全小组负责监视实施撤回。

3.2　负责老师负责撤回计划的批准。

3.3　各小组参与和配合完成本程序的要求。

4　控制程序

4.1　不安全食品。

4.1.1　本规定所称不安全食品，是指食品安全法律法规规定禁止生产经营的食品以及其他有证据证明可能危害人体健康的食品，包括：

4.1.1.1　已经诱发食品污染、食源性疾病或对人体健康造成危害甚至死亡的食品。

4.1.1.2　可能引发食品污染、食源性疾病或对人体健康造成危害的食品。

4.1.1.3　含有对特定人群可能引发健康危害的成分而在食品标签和说明书上未予以标识，或标识不全、不明确的食品。

4.1.1.4　有关法律、法规规定的其他不安全食品。

4.2　食品召回级别、召回计划主要内容、召回公告和召回工作完成期限。

4.2.1　一级召回：食用后已经或者可能导致严重健康损害甚至死亡的，实训室在知悉食品安全风险后24h内启动召回，并向所在区（县）监管小组报告召回计划。

4.2.2　二级召回：食用后已经或者可能导致一般健康损害，实训室在知悉食品安全风险后48h内启动召回，并向所在区（县）监管小组报告召回计划。

4.2.3　三级召回：标签、标识存在虚假标注的食品，实训室在知悉食品安全风险后72h内启动召回，并向所在区（县）监管小组报告召回计划。

4.2.4　本实训室召回计划主要内容包括：（1）本实训室的名称、住所、法定代表人、具体负责人、联系方式等基本情况；（2）食品名称、商标、规格、生产日期、批次、数量以及召回的区域范围；（3）召回原因及危害后果；（4）召回等级、流程及时限；（5）召回通知或者公告的内容及发布方式；（6）本实训室应承担的义务和责任；（7）召回食品的处置措施、费用承担情况；（8）召回的预期效果。

4.2.5　本实训室食品召回公告包括下列内容：（1）本实训室的名称、住所、法定代表人、具体负责人、联系电话、电子邮箱等；（2）食品名称、商标、规格、生产日期、批次等；（3）召回原因、等级、起止日期、区域范围；（4）本实训室应承担的义务和消费者退货及赔偿的流程。

4.2.6　食品召回工作完成期限。

4.2.6.1　召回工作的完成：实施一级召回的，本实训室自公告发布之日起10个工作日内完成召回工作。

4.2.6.2　实施二级召回的，本实训室自公告发布之日起20个工作日内完成召回工作。

4.2.6.3　实施三级召回的，本实训室自公告发布之日起30个工作日内完成召回工作。

4.2.6.4　不安全食品在本省、自治区、直辖市销售的，食品召回公告应当在省级相关网站和省级主要媒体上发布，不安全食品在两个以上省、自治区、直辖市销售的，食品召回公告应当在相关网站和中央主要媒体上发布。

4.3　撤回的时机。

当实训室存在受不合格产品影响的批次产品已经不在实训室控制下时（如已经交付），应启动撤回程序。包括但不限于如下情形都可能涉及待撤回产品，触发撤回程序：（1）食用人员的投诉；（2）主管小组检查发现的不安全的产品；（3）媒体报告的不安全的产品或事件；（4）实训室内部检查发现受不合格产品影响的批次产品已经交付；

（5）其他的改变（包括技术、法律行规和突发事件）影响到已交付的产品质量或安全。

4.4　待撤回产品的识别和评价。

4.4.1　食品安全小组即产品撤回小组，应监视与产品撤回有关的信息。

4.4.2　出现4.3的情形时，食品安全小组应立即召开小组会议进行撤回评审。

4.4.3　撤回评审的内容包括：撤回原因；信息的来源，可信度；以往的产品安全记录，危害程度；政府卫生小组的流行病学咨询记录；待撤回产品的范围（包括产品线和地理区域）；是否启动紧急撤回。

4.4.4　只要可能，应对撤回产品对应的批次产品，甚至相邻批次的产品留样进行复查，以证实是否不安全及其不安全的原因。

4.4.5　撤回的产品在被销毁、改变预期用途、确定按原有（或其他）预期用途使用是安全的、或为确保安全重新加工之前，应被封存或在监督下予以保留；撤回的原因、范围和结果应予以记录，并向最高管理者报告，作为管理评审的输入。

4.4.6　采用适宜技术验证并记录撤回方案的有效性（如模拟撤回或实际撤回）

4.4.7　在有确切的信息支持时，撤回的评审不应超过半个工作日。

4.5　撤回的程序。

4.5.1　撤回产品溯源，以识别撤回活动的相关方。

4.5.2　根据相关方，选择合适的方式发布撤回信息，撤回信息应在作出决策后半个工作日内发布。合适方式可以是电话、传真、电子邮件、媒体公告等。撤回信息应编制产品撤回公告，内容包括：（1）撤回小组成员的信息，包括成员名单、24h联系方式、代表的小组和所承担的职责；（2）撤回产品的信息：撤回产品名称、代号或批号、工厂名称、生产日期等；撤回的原因，撤回产品经销的区域（包括地区、经销商名称和地址）；（3）产品撤回的方法、途径和时间；（4）受撤回产品的不合格影响的其他信息，如已使（食）用待撤回产品的后果和对策，与撤回有关的费用和赔偿。

4.5.3　产品撤回的方法、途径和时间：（1）应尽可能利用销售网络作为撤回网络，由经销商（客户）将撤回产品交给实训室。应明确向实训室报告的方式，如电话或传真等；（2）应保持从实训室到经销商（客户）的接受撤回产品的通道，并在撤回信息中予以明确；（3）每一批（件）撤回产品均应登记于《产品召回登记销毁记录表》。

4.5.4　撤回产品的处理：（1）撤回产品在处理前应进行标识和隔离；（2）撤回产品应作为不合格品，按《潜在不安全品控制程序》规定处理，应建立《潜在不安全产品评审处理和验证记录》，并注明为撤回产品处理；（3）当撤回产品的处置方法为报废时，报废过程应在食品安全小组组长的监督下进行，并且留有影像资料。

4.5.5　产品撤回的结束和报告：（1）应该撤回的产品全部回收并妥善处理完毕，表示该次撤回活动结束；（2）撤回活动结束后，撤回小组应编制食品召回公告及食品召回总结报告，作为管理评审的输入。食品召回公告及食品召回总结报告应包括撤回的原因、范围和结果。

4.6　撤回的公关。

为了避免损害公信，实训室应对公众的报道作好准备，并指定专人（食品安全小组组长或实训室的公关人员）负责，以便恰当地向公众传达撤回相关的信息。

4.7　纠正和纠正措施。

4.7.1　组织应通过使用验证试验、模拟撤回或实际撤回来验证撤回程序的有效性，并记录结果。

4.7.2　发生撤回时，食品安全小组应根据食品召回公告及食品召回总结报告，对撤回程序和管理体系存在的问题采取必要的纠正和纠正措施。

4.8　监督管理。

食品生产经营者停止生产经营、召回和处置的不安全食品存在较大风险的，应当在停止生产经营、召回和处置不安全食品结束后5个工作日内向县级以上地方相关小组书面报告情况。

5　记录

5.1　产品召回登记销毁记录表。

5.2　食品召回计划。

5.3　食品召回公告。

5.4　食品召回阶段性进展报告。

5.5　食品召回总结报告。

附：撤回小组人员及职责

撤回小组	姓名	小组/职务	职责
组长		负责人/食品安全小组组长/质量负责人	全面负责撤回工作，对外发言人，及时向公众报告撤回事件的最新进展，协助负责人执行撤回工作
组员		生产小组负责人	(1) 立即检查相邻批次产品是否有类似问题产生，负责提供该产品的批生产记录，联合品保评估纠正和纠正措施； (2) 负责配合完成召回产品清单；召回产品的运输过程；负责货物的收发存，核对工作及问题产品的登记、隔离、存放、保管
组员		实训采购负责人兼食品教研组	(1) 通常采取发电子邮件和电话紧急通知主要负责人的二合一方式，必要时（可能会产生致命危害）通过媒体、网络对消费群体进行宣传暂停使用此批产品以及撤回信息； (2) 客户联络人负责撤回产品并与顾客沟通撤回事宜、赔偿方案； (3) 负责和原料供应商沟通确认该批原材料的相关信息
组员		品控部负责人兼化验员	(1) 将供应商提供问题批次剩余的原料以及本批次原料加工的产品半成品/成品全部暂停生产/销售；并由食品安全小组进行隔离、评估，制定纠正/纠正措施； (2) 负责提供问题批次产品的相关检验记录及留样情况，并对本批剩余货物进行加严抽样检测，必要时（自行不能检测等）送权威检测小组进行检测

验证活动策划、实施和评价程序

1 目的

“验证才足以置信”，实训室制定验证活动策划、实施和评价程序，确保适时地验证食品安全管理活动实施的适宜性、充分性和有效性。

2 范围

适用于实训室食品安全管理体系验证活动的策划、实施和评价。

3 职责

3.1 食品安全小组组长是验证活动的最高领导，负责批准验证计划，验证报告和验证后的改进计划。

3.2 食品安全小组成员负责策划和领导验证的具体工作。

3.3 有关小组按计划要求配合验证工作及验证后的改进工作。

4 控制程序

4.1 验证策划。

4.1.1 验证活动包括食品安全管理体系审核和单项产品管理活动的验证；食品安全管理体系审核执行《内部审核程序》，本程序中只对单项验证活动进行策划、实施和评价。

4.1.2 验证内容包括如下：（1）危害分析的输入信息是否得到持续更新；（2）操作性前提方案和 HACCP 计划中的要素是否得以实施并取得预期效果；（3）经验证的前提方案是否得以实施；（4）所采取的控制措施是否将产品中的危害水平降低到可接受水平；（5）食品安全管理体系所要求的其他程序是否得以有效实施（本项验证由内审活动实施）。

4.1.3 验证方法。

4.1.3.1 食品安全管理体系审核；执行《内部审核程序》对食品安全管理活动审核内容主要包括：（1）检查产品说明和生产流程图的准确性；（2）检查关键控制点是否按 HACCP 计划的要求被监控；（3）检查工艺过程是否符合关键限值的要求；（4）检查记录是否准确并按要求的时间完成。

4.1.3.2 关键控制点验证，主要包括以下内容：（1）监控设备的校准；（2）校准记录的复查；（3）关键控制点上监控记录和纠正、预防措施记录的复查。

4.1.3.3 针对性地取样检测。

4.1.4 验证频率：（1）食品安全管理体系审核为每年一次，当发生特殊情况时追加审核；（2）关键控制点的记录复查为每周一次，由品控部进行，监控设备检定的复查的周期与监控设备检定周期相同；（3）最终产品的微生物检测周期应符合产品标准中规定的质量监督周期相同。

4.1.5 职责：验证活动由食品安全小组进行策划、组织实施和评价，相关小组予以配合。

4.1.6 记录：由食品安全小组保存所有验证活动实施和评价记录。

4.2 验证活动的实施及单项验证结果评价。

4.2.1 由食品安全小组实施验证活动并保存相关的验证记录。

4.2.2 由食品安全小组组长每年组织进行一次单项验证结果的评价，食品安全管理体系审核结果的评价由管理评审活动实施评价，形成《单项验证结果评价记录》。

4.2.3 验证结果评价内容：(1) 危害分析的输入是否持续更新；(2) 操作性前提方案和HACCP计划中的要素是否得以实施且有效；(3) 前提方案是否已实施；(4) 食品安全危害是否已降低到确定的可接受水平；(5) 实训室制定的其他与食品安全有关的程序是否得以实施且有效。

4.2.4 当验证结果评价表明与食品安全控制策划的要求不符合时，由食品安全小组组织责任小组进行原因分析并制定纠正措施，由食品安全小组组长对纠正措施的有效性进行验证。所制定的纠正措施包括如下几方面但不限于这些方面：(1) 对当前的更新程序和沟通渠道；(2) 对危害分析结论、已建立的前提方案、现有的证实确定操作性前提方案和HACCP计划；(3) 前提方案；(4) 对人力资源管理和培训活动有效性。

4.2.5 由食品安全小组保存《验证记录》和《纠正和纠正措施报告》。

4.2.6 当采取对终产品进行样品检验的方法进行验证时，如测试的结果表明样品不满足食品安全危害的可接受水平时，受影响批次的产品应按《潜在不安全产品控制程序》处理。

4.3 验证活动结果的分析。

4.3.1 由食品安全小组对验证活动结果进行分析，包括：单项验证活动结果和内部审核结果，经过分析确认以下内容：(1) 确认体系的整体运行是否满足策划的安排，是否满足HACCP/ISO 22000标准的要求和实训室所建立的食品安全管理体系的要求；(2) 识别食品安全管理体系改进或更新的需求；(3) 识别表明潜在不安全产品高事故风险的趋势；(4) 收集并保存信息，便于策划与受审核区域状况和重要性有关的内部审核方案；(5) 提供证据证明已采取纠正和纠正措施的有效性。

4.3.2 由食品安全小组保存验证活动结果的分析记录。

5 记录

5.1 验证记录。

5.2 单项验证结果评价记录。

5.3 控制措施组合确认报告。

5.4 监视和测量装置一览表。

5.5 计量器具/检验设备周期校准计划。

设施设备控制程序

1　目的

确保设备、设施处于完好状态，满足生产和卫生的要求。

2　范围

适用于本实训室的生产用设施、设备的管理。

3　职责

生产小组负责设施、设备的综合管理，班组负责操作中的管理。

4　控制程序

4.1　设备的配置。

4.1.1　生产小组填写《生产设施配置申请单》，内容应包括技术参数、用途说明等。

4.1.2　根据《生产设施配置申请单》，对采购的设备进行技术、经济可行性分析，确保设备的质量满足生产的要求。

4.1.3　生产小组负责制定采购合同，规定设备可靠性、维修性和经济性、售后服务等要求。

4.1.4　设备到货或设施竣工后，生产小组组织有关单位进行验收，验证设备应有的说明书、合格证等。对外观及零部件、备用件清点齐全后，进行设备的安装、调试，经生产小组相关人员检验合格后，方可投入使用。

4.2　生产设备管理。

4.2.1　应对操作人员进行上岗前培训，包括设备性能、维护知识、操作方法和技能等。

4.2.2　操作者必须严格执行操作规程的要求，不得违章操作。操作时发现问题，应按规程要求停机或做其他处理，同时报告生产小组主管。

4.2.3　设备转移或移动必须符合生产的合理要求。生产小组提出完整的设备转移方案，经食品安全小组组长批准后方可移动。

4.3　设施、设备的维护保养。

4.3.1　日常维护：（1）对所有设施、设备，生产小组应制定日常维护保养的项目和有关合格要求；（2）每日上班前操作者对设备进行点检，下班前对设备进行清扫擦拭。若发现问题，应及时汇报主管并处理。

4.3.2　设备保养：（1）生产小组对每台设备制定年度设备保养计划，包括：保养时间、项目和验证的有关规定；（2）保养由设备维护人员执行。应按照设备保养计划规定的内容进行保养。

4.3.3　设备维修。

设备出现故障后，操作人员应立即停止操作，通知维修人员对设备进行维修。维修完成后，由操作人员进行验收。维修人员将维修情况记录于定期保养检修记录。

4.4　设备清洗、消毒。

4.4.1　生产小组制订设备清洁消毒计划，规定对设备清洗、消毒的具体要求。

4.4.2　生产小组按照设备清洗消毒计划的要求，定期对设备进行清洗消毒。清洗消毒时应切断电源，拆解部分配件，然后用洗洁精清洗干净，最后用清水冲洗并消毒。清洗消毒情况记录于容器设备清洗消毒记录表。

4.4.3　设备维修保养后应重新消毒。

4.5　生产小组将各类设施、设备登记于企业主要生产设备、设施一览表。

5　记录

5.1　生产设施配置申请单。

5.2　企业主要生产设备、设施一览表。

5.3　设备维护保养计划。

5.4　定期保养检修记录。

5.5　设备日常保养记录表。

5.6　生产车间设备清洗记录。

5.7　仪器设备报废申请单。

5.8　仪器设备报废评估记录。

5.9　仪器设备报废记录。

CCP 监控程序

1　目的

确保识别的关键控制点能有效地实施控制和维持正常状态。

2　范围

适用于本实训室内所有关键控制点的管理。

3　参考文件

HACCP 的七大原则。

4　职责

4.1　食品安全小组组长：HACCP 计划的审核。

4.2　食品安全小组：HACCP 计划的编制和实施监控检查。

5　控制程序

5.1　HACCP 计划的制订：对已识别的关键控制点，应按关键限值的要求进行监控，监控活动应以 HACCP 计划的文件形式提供给实施现场。HACCP 计划由食品安全小组制订，其内容应包括：（1）关键控制点工序名称；（2）重要危害；（3）关键控制限值；（4）监控内容；（5）监控方法；（6）监控频率；（7）监控责任人；（8）纠偏措施；（9）监控记录；（10）监控验证记录。

5.2　HACCP 计划的审核。

5.2.1　食品安全小组应在确定关键限值的同时，考虑监控对象、监控方法，制订 HACCP 计划时提出具有操作性的、包括上述 10 项内容的监控计划。

5.2.2　每一个关键点的监控计划由现场涉及小组的食品安全小组成员提出，全体食品安全小组成员分析讨论其可操作性和有效性。

5.2.3 讨论完成后的 HACCP 计划由 HACCP 组长审核发布实施。

5.3 HACCP 计划的实施。

5.3.1 实施培训：为了使每一个 HACCP 计划相关人员明白食品安全管理体系的重要性和操作要求，在实施之前应对各小组人员进行 HACCP 计划中相关控制点的培训。

5.3.2 现场操作：实施现场要保证效果，应提供必要的资源（如合格原料、测试仪器、记录）以体现工作内容是符合 HACCP 计划要求的，并且现场人员的工作应按 HACCP 计划的要求展开，并将工作中的控制活动记录于 HACCP 监控记录表。

5.4 HACCP 计划的实施检查：为保证 HACCP 体系的持续有效，食品安全小组应按计划要求进行监督检查根据其类型分为两类。

5.4.1 日常持续性检查：食品安全小组成员根据各小组的管理区域，按 HACCP 计划中的规定频率进行现场执行状况的内部检查。

5.4.2 体系检查（验证）：食品安全小组按体系审核程序规定的时间对体系的符合性和有效性进行全面的检查（验证），必要时抽取产品样本进行检测。

5.5 HACCP 计划偏差处理：在日常监控和体系检查活动中发现的计划偏差情况，应按潜在不安全产品控制程序进行处理。

6 文件

6.1 潜在不安全产品控制程序。

7 记录

7.1 关键控制点记录表。

食品防护控制程序

1 目的

为防止实训室产品遭到人为破坏，确保实训室产品安全，特制定此程序。

2 范围

本程序适用于实训室与安保管理体系运作相关的活动、过程、服务等。

3 职责

3.1 食品安全防护小组组长负责防护计划制定、实施与改进，负责食品防护评估的最终确认。

3.2 实训负责人对外来人员做登记检查工作。

3.3 食品教研组负责相关老师和学生的培训及考核。

3.4 各小组的来客应由各小组有关人员陪同，凡需要进入实训室的必须经负责人同意，并有专人全程陪同。

3.5 品控小组、生产小组负责对原料、过程、产品的监控。

3.6 食品教研组负责对所有可疑包裹或物品进行合理处理工作。

4　控制程序

4.1　门卫负责对进入实训室的非本实训室的人员的登记、检查工作。

4.2　食品教研组负责学生社团人员招聘。

4.3　外来人员。

4.3.1　须提出申请，经批准进入实训室，参观的过程中须遵守实训室的制度。

4.3.2　学校检查人员由实训室安全管理人员陪同；卫生、质量方面的检查人员由品控小组人员陪同。

4.3.3　设备安装、调试的人员须由实训老师陪同对设备进行安装调试。

4.3.4　原料供方人员来实训室送货，由实训采购人员或保管员陪同。

4.3.5　所有到实训室的外来人员在实训室内须遵从实训室的有关规定。

4.4　原料进厂及生产过程中执行《纠正措施控制程序》《产品标识及可追溯性控制程序》《原辅料/食品包装材料安全卫生控制程序》。

4.5　实训室在产品生产的关键岗位装有摄像监视系统，每日由品控部负责生产现场监控，通过录像监控防止人为破坏产品。

4.6　严格控制实训室内的化学品，防止其进入产品中。

4.7　实验室安全控制措施。

4.7.1　实训室实验建有独立的实验室管理制度。

4.7.2　实训室只允许相关工作人员进入，其他访客只有在经批准且有实验室人员陪同的情况下方可进入。

4.7.3　实验对各种实验用的试剂药品建有清单并得到有效防护，由实训室实验人员管理并专人使用。

4.7.4　实训室不对外开放，只作对本实训室产品的检测。

4.7.5　实验取样留样按照实训室留样管理制度实施。

4.7.6　实训室检测结果以检测报告的形式通知相关小组。

4.7.7　实训室对活的菌株，在实训室检测结束后由微生物实验员对其作无害化处理（灭菌/消毒），不得乱丢乱弃，以防造隐患。

4.7.8　实训室由食品教研组组织，品控部负责对实训室相关老师和学生（每年至少一次）进行有关食品安全、HACCP、前提方案、操作性前提方案的培训，加强相关老师和学生的食品安全意识。

5　记录

5.1　年度培训计划。

5.2　健康证明登记档案。

5.3　消毒液配制记录。

致敏原管理与控制程序

1　目的

为了规范食品致敏原管理，防止食品加工过程及设施的致敏物质管理方案，以最大限度地减少或消除致敏物质交叉污染。

2　范围

适用于食品安全体系中的原辅料、中间品、成品、食品添加剂、加工助剂、接触材料及任何新产品开发引入的新成分进行致敏物质评估，致敏性食品信息收集、分析、确定致敏物质存在的可能性并形成文件化信息等所有活动。

3　定义

3.1　致敏原：又称变态反应原、变应原，指能够诱发机体发生过敏反应的抗原物质（蛋白质）。

3.2　过敏人群：是指对特定的某种或某类食品原料产生过敏性反应的人。

3.3　预防措施：用来控制已确定的产生食品安全危害的物理的、化学的或其他方面的措施。

4　职责

4.1　HACCP 小组：负责收集致敏原控制所需文献资料，致敏原危害的分析和评估，制订致敏原控制清单，并适时更新。

4.2　品控部：负责供应商产品资料的收集、原料接收的标准、致敏原控制的检查、过敏人群资料的收集及致敏原相关的技术标准、文献的收集汇总。

4.3　生产小组：负责生产过程中致敏原的控制、交叉污染的预防或异常情况收集、对盛装过敏性食物的工器具的清洗和消毒、过敏性食物储存和保管，以及储存区域的划分。

4.4　采购小组：负责原辅料致敏原成分的提供及致敏原管理的审核评估。

5　控制程序

5.1　致敏原的识别。

5.1.1　根据我国和产品销售国的法律法规要求，建立《致敏原控制清单》，并适时更新控制清单，实现对实训室产品和原辅料的致敏原完整识别，确定实训室产品和原辅料含有的致敏原成分和可能的致敏原风险。

5.1.2　致敏原评估应包括产品原料、辅料、加工助剂和包装材料，了解其原料组成，并评估是否在《致敏原控制清单》内。

5.2　供应商审核批准。

5.2.1　致敏原控制管理评审应纳入实训室供应商管理评审程序中。相关供应商应提供其致敏原管理控制计划以及记录，确保其致敏原管理控制能力，在供应商审查时应包括致敏物质的调查。

5.2.2　供应商审核应包括临时或紧急使用的供应商，临时采购合同或协议应有涉致敏原成分声明的内容，保证采购产品不含有未经宣布的致敏原成分。

5.2.3　通过原辅料供应商加工现场调查等方式验证供应商致敏原控制计划实施效果。涉致敏原成分审核结果应妥善保存，同时反馈到 HACCP 小组。

5.2.4　仓库在接收原辅料时应对运输车辆进行检查，确认原辅料是否与含有致敏物质的物料进行混装并受到污染。

5.3　产品研发及其变更控制。

5.3.1　生产小组将致敏原识别纳入产品开发控制中，在产品设计的源头识别致敏原，尽量不用涉致敏原物料，并负责产品配方变更。

5.3.2　生产小组审核评估产品中致敏原的使用必要性，避免因盲目设计而带入不必要的过敏风险。含致敏原成分的产品或样品研究开发，需要得到实训负责老师认可批准。

5.3.3　生产小组对于产品中不可避免要引入的致敏原成分，应采取精炼等技术手段尽量降低致敏原含量，开发成低敏产品，并进行致敏原含量检测以正确评估产品潜在过敏风险。

5.3.4　生产小组应评估产品配方更改带来的食品安全影响，及时通知受影响的小组，便于 HACCP 计划、卫生清洁、包装材料、采购仓储等监控环节更新，确保产品配方更改在控制状态下进行。

5.4　致敏原的隔离预防。

5.4.1　致敏原原辅料单独设立收货和储存区域，并安排致敏原原料单独使用的容器和相关操作工具。

5.4.2　含致敏原的原辅料应清晰识别，包装可靠妥当，不至于运输过程中发生破损或毁坏。原料接收时应检查包装完好性，并做好记录，避免致敏原交叉污染。

5.4.3　做好仓管员管理工作：接触过敏物质的仓管员尽量使用可清晰识别的独立的工作服、工作鞋和发网及帽子等。接触致敏原的衣帽鞋应和其他衣帽鞋分隔开来彻底清洗。

5.5　产品实现和返工控制。

5.5.1　区分所有含致敏原和不含致敏原的终产品清单，将含致敏原产品排列在生产过程的最后程序，并安排含相同致敏原产品进行长期生产运行，减少生产转换。

5.5.2　在产品设计允许条件下，致敏原成分应安排在生产线尽可能晚的工序阶段加入。含致敏原产品生产结束后，应立即安排进行彻底清洁。

5.6　设备清洁。

5.6.1　制定实训室 SSOP 时应考虑致敏原物质的去除，清洗工艺应能彻底清洗去除生产线上残留的致敏原物质。

5.6.2　含致敏原产品的生产转换，应做好设备特别是共用设备的清洁工作，做好相应清洗记录和检查记录，防止致敏原残留导致交叉污染。

5.6.3　生产开机前，应检查是否符合产品排序与清洁要求。确保致敏原不会带入下一批原料或产品中。

5.6.4　查看相关记录，发现存在不符合清洁程序情况，应在开始生产前按程序规定重新清洁，应对所有受影响的原料或产品实施“隔离”。品控部应评估受影响批次产品的致敏原含量，采取加注致敏原成分声称措施处理。

5.7　产品标签。

5.7.1　致敏原必须加注标签，致敏原声称内容和形式应符合相关国家法律法规要求，并保证标签清楚传达所有致敏原，使用通用名称作为致敏原标识，标签标识应符合 GB 7718 的规定。

5.7.2　致敏原声称范围应包括含致敏原成分的产品，还有同一生产线或生产环境下可能含致敏原成分的产品。

5.8　提升相关老师和学生意识。

5.8.1　相关老师和学生应具备足够的致敏原知识是预防交叉污染的重要部分。实训室培训计划应包括致敏原培训内容。做好致敏原培训记录和考核记录，予以妥善保存。

5.8.2　实训室须确保直接接触或者间接接触致敏原相关老师和学生了解工厂所涉及使用的致敏原成分，在此同时针对相关老师和学生岗位职责进行不同水平的致敏原培训，组织相应考核以保证关键岗位相关老师和学生熟悉操作规范。

5.8.3　实训室应抽查相关老师和学生进行面谈，评估致敏原意识水平，查阅培训记录和考核记录，确保致敏原培训得到有效落实。

5.9　预防食物过敏的途径。

5.9.1　正确的食品标签：预包装食品标签上正确、清楚地标识出致敏原成分，是防止过敏体质的人群发生食物过敏反应甚至危及生命最有效的措施。

5.9.2　国外多国已发布多项法规对致敏原标识作出规定。

5.9.3　我国已实施的标准：GB/T 23779—2009 预包装食品中的致敏原成分。

5.9.4　各个国家对食品致敏原标签的要求。

5.10 致敏原对消费者的健康危害。

5.10.1　婴幼儿患者：在 5~6 岁时大约 80%对牛乳、鸡蛋、花生、小麦、大豆产生过敏反应，大约 20%对鱼、甲壳类动物的过敏会消除、其余的往往是终生过敏。

5.10.2　成年人：食物过敏的发病率呈快速上升的趋势。

5.10.3　食品过敏的临床表现：麻疹、疱疹样皮炎、口腔过敏综合征、肠病综合征、哮喘及过敏性鼻炎、严重时可导致过敏性休克，危及生命。

5.10.4　食物过敏至今无特效疗法。

5.10.5　致敏原引发过敏反应的最低量无定论。

5.10.6　极微量致敏原即可造成严重后果。

5.10.7　目前预防是防止食物过敏唯一的途径：严防有过敏体质的人接触致敏原。

5.11　实训室致敏物质信息。

5.11.1　含过敏原原料清单：小麦面粉、食用玉米淀粉、鸡蛋。

5.11.2　过敏原：含麸质的谷类及其制品、蛋及蛋类产品。

5.11.3　标签及包装使用控制：（1）确保产品标签标识和包装符合法规要求准确标注过敏原信息；（2）在使用标签/包装前核对，确保包装与产品匹配；（3）更换产品时，确保标签及包装被正确地转换。

6　相关文件

6.1　GB/T 23779 预包装食品中的致敏原成分。

6.2　工器具、容器、设备清洗消毒程序。

任务2 管理手册审核

一、技能目标

1. ISO 22000管理手册审核。
2. 资料整理与文本撰写能力。

二、理论准备

GB/T 22000《食品安全管理体系 食品链中各类组织的要求》。

三、实训内容

1. 任务发布

校企合作单位需要申请ISO 22000食品安全管理体系认证，在管理手册书写时遇到一些问题，请根据该企业实际情况完成ISO 22000管理手册。

2. 任务实施

（1）分析任务，回顾理论知识ISO 22000《食品安全管理体系 食品链中各类组织的要求》。

（2）仔细阅读下面的管理手册，参考标准把缺失的部分内容补充完整，并指出文件中需要改进的地方。

四、参考评价

ISO 22000管理手册审核主要考核要点：

（1）能够根据提示完成管理手册。

（2）能够给出修改意见。

（3）能够对ISO 22000管理手册进行一定程度的解读。

[实训材料]

ISO 22000—2018
食品安全管理手册

编　　制：______________

审　　核：______________

批　　准：______________

受控状态：______________　分发号：______________

发布　　　　　　　　　　　　　　实施

××公司

02 颁布令

为了公司食品安全和规范管理，确保向顾客或相关方提供符合要求的产品，根据ISO9001：2015《质量管理体系——要求》和GB/T22000：2018《食品安全管理体系——食品链中各类组织的要求》，结合本公司的实际情况，制定本《食品安全管理手册》。

本手册通过过程方法、PDCA持续改进、管理的系统方法，HACCP体系和国际食品法典委员会（CAC）制定的实施步骤、结合前提方案，建立、实施、保持和更新质量/环境管理和食品安全体系，以证明本公司有能力控制管理食品安全和持续稳定地提供满足顾客要求和法律法规要求的本公司产品和对相关方的承诺。

本质量手册对公司的食品安全和质量方针、目标、组织结构、职责和权利，质量管理体系和食品安全管理体系提出了具体要求，引用了文件化的程序。是公司食品安全和质量管理体系运作应遵循的基本法规，也是第三方食品安全管理体系和质量/环境管理体系认证的依据，经认真审核，现予以颁布实施，要求全公司各部门，全体员工严格贯彻执行。

本手册自　　年　月　　日正式实施。

负责人：

年　　月　　日

03 食品安全方针

____________ ____________ ____________ ____________

例如：全员参与　安全卫生　持续改进　　顾客满意

作为本公司的食品安全方针，公司的各级人员必须理解方针的内涵，并以实际行动认真贯彻执行。

食品安全目标

(请填写食品安全目标)

04 公司简介

05 任命书

经公司研究决定，由×××兼任公司食品安全小组副组长，负有以下职责：

a）负责按 ISO 22000:2018 标准建立、实施和维护食品安全管理体系所需的过程并协调各部门工作；

b）确认食品安全管理体系取得的业绩及需要改进的地方，在企业内部提升对食品安全的认识；

c）审核食品安全管理手册、程序；

d）管理食品安全小组并组织领导其工作；确保食品安全小组成员得到相关的培训和教育；组织危害分析，组织风险评估，组织公司经营环境的分析，组织相关方需求和期望分析，组织紧急情况和事故的处理；组织食品安全管理体系绩效评价；组织制定操作性前提方案（OPRP）、HACCP 计划；组织对控制措施进行确认，组织监督实施、验证 HACCP 计划，组织对验证结果进行分析等。

e）负责就公司食品安全管理体系有关事宜与外部各方面的联络工作。

××有限公司

年　　月　　日

1 范围

ISO 22000:2018 食品安全管理体系活动的区域和场所包括生产部、品管部、销售部、采购部、财务部、PMC 部及行政部等涉及客户服务、产品的开发制造现场和部门。

2 规范性引用文件

引用标准：ISO 22000:2018《食品安全管理体系标准要求》及 ISO9001:2015。

3 术语和定义

本手册采用 ISO9000:2015 及 IS O22000:2018 的术语和定义。

参照 ISO9000:2015 及 ISO 22000:2018 标准。

(请填写需要的术语定义)

4 组织的环境

4.1 理解组织及其环境。

本公司领导层确定了企业目标和战略方向，通过各部门收集信息、识别、分析和评价，公司管理会议讨论研究，明确了与公司目标和战略方向相关的各种外部和内部因素。包括国际、国内、地区和本地的各种法律法规、技术、竞争对手、市场变动和价格、文化、社会和经济因素，企业的价值观、文化、知识和以往绩效等相关因素，包括需要考虑的有利和不利因素或条件。

公司通过实施、策划“6.1 应对风险的机遇和措施”，明确了环境分析的职责，相应的准则，通过适宜的方法对这些内部和外部因素的相关信息进行监视和评审，确保充分识别风险，消除风险，降低或减缓风险，充分利用可能的发展机遇，保证实现企业效益和质量管理体系预期结果。

4.2 理解相关方的需求和期望。

公司相关方关注公司持续提供的产品和服务质量是否符合顾客要求，是否适销对路，以及生产经营的合规情况。公司明确了影响企业绩效或受到企业经营影响的相关方，通过调查、访谈了解上述相关方的要求。同时每年通过访谈、网站向社会告知企业联系方式和经营情况，持续与相关方沟通，了解相关方要求，对他们的要求进行评审。

4.3 确定食品安全管理体系的范围。

____

____

____

____

4.4 食品安全管理体系。

4.4.1 本公司按照标准的要求，建立、实施、保持和持续改进食品安全管理体系，包括所需过程及其相互作用。

通过实施以下活动，确定食品安全管理体系所需的领导、策划、支持、运行、绩效评价和改进等过程及其在整个组织内的应用：

a）确定这些过程所需的输入和期望的输出；

b）确定这些过程的顺序和相互作用；

c）确定和应用所需的准则和方法（包括监视、测量和相关绩效指标），以确保这些过程的运行和有效控制；

d）确定并确保获得这些过程所需的人员、基础设施、运行环境、知识和监测等资源；

e）规定与这些过程相关的责任和权限，并进行沟通；

f）按照 6.1 的要求应对所确定的风险和机遇；

g）评价这些过程绩效和有效性，识别更新的需求，实施所需的变更，以确保实现这些过程的预期结果；

h）改进过程和食品安全管理体系。

4.4.2 根据标准要求，结合公司实际需要，公司：

a）公司根据生产和服务过程控制要求，制定相应的程序文件、管理规范、工艺文件、操作规范等体系文件，支持食品安全管理体系各过程运行；

b）保留确认过程按策划进行的证据文件。

5 领导作用

5.1 领导作用和承诺。

5.1.1 总则。

5.1.1.1 总经理认识到公司食品安全管理体系的重要性，通过实施以下活动体现其领导作用和承诺：

a）在职责方面，对食品安全管理体系的有效性承担责任；

b）制定食品安全管理体系的方针和目标，并与组织环境和战略方向相一致；

c）将公司食品安全管理体系要求融入公司的业务过程；

d）促进管理者在体系策划、运行中使用过程方法和基于风险的思维；

e）识别公司食品安全管理体系所需的资源及其更新需要并配备这些资源；

f）在公司内进行沟通，确保全员理解有效的食品安全管理和符合食品安全管理体系要求的重要性，积极主动参与和配合，通过考核、培训、分享知识、奖励制度，促使、指导和支持员工努力提高素质，提高食品安全管理体系的有效性和管理绩效；

g）实施各项业务过程，实现公司目标和食品安全管理体系的预期结果；

h）推动改进；

i）明确公司内部职责分工，支持其他管理者履行其相关领域的职责。

5.1.2 以顾客为关注焦点。

在总经理领导下公司开展以下活动，证实以顾客为关注焦点的领导作用和承诺：

a）确定、理解并持续满足顾客要求以及适用的法律法规要求；

b）确定和应对能够影响产品、服务符合性以及增强顾客满意能力的风险和机遇；

c）始终致力于增强顾客满意度。

5.2 食品安全方针。

5.2.1 制定质量方针。

总经理制定、实施和保持食品安全方针，食品安全方针：

a）适应公司的宗旨和环境并支持公司战略发展方向；

b）为制定食品安全目标提供框架；

c）包括了满足适用要求的承诺；

d）包括了持续改进食品安全管理体系的承诺。

5.2.2 沟通食品安全方针。

公司在食品安全管理手册中对方针进行公开声明，在公司内部会议进行宣讲、沟通，全体员工能够准确理解其含义并在工作中贯彻落实食品安全方针。在与相关方沟通时，可向相关方说明公司食品安全方针。

5.3 组织的岗位、职责和权限。

5.3.1 公司根据职能建立组织结构，确保整个组织内相关岗位的职责、权限得到分派、沟通和理解。

完整填写食品安全管理体系职能分配表

部门 ISO/DIS22000 标准要求	总经理	食品安全小组	行政部	品管部	销售部	财务部	生产部	采购部
4　组织的环境								
4.1　理解组织及其环境	▲	▲	△	△	△	△	△	△
4.2　理解相关方的需求和期望	▲	▲	△	△	△	△	△	△
4.3　确定食品安全管理体系的范围	▲	▲	△	△	△	△	△	△
4.4　食品安全管理体系	▲	▲	△	△	△	△	△	△
5　领导作用								
5.1　领导作用和承诺								
5.2　食品安全方针								
5.3　组织的岗位、职责和权限								
6　策划								
6.1　应对风险和机遇的措施								
6.2　食品安全目标及其实现的策划								
6.3　变更的策划								
7　支持								
7.1　资源								
7.1.1　总则								
7.1.2　人员								
7.1.3　基础设施								
7.1.4　工作环境								
7.1.5　外部开发食品安全管理体系要素的控制								
7.1.6　外部提供过程、产品和服务的控制								
7.2　能力								
7.3　意识								
7.4　沟通								
7.4.1　总则								
7.4.2　外部沟通								
7.4.3　内部沟通								
7.5　成文信息								

（续表）

部门 ISO/DIS22000 标准要求	总经理	食品安全小组	行政部	品管部	销售部	财务部	生产部	采购部
8　运行								
8.1　运行策划和控制								
8.2　前提方案								
8.3　可追溯性								
8.4　应急准备和响应								
8.4.1　总则								
8.4.2　紧急情况和事故的处理								
8.5　危害控制								
8.5.1　危害分析预备步骤								
8.5.2　危害分析								
8.5.3　控制措施和控制措施组合的确认								
8.5.4　危害控制计划（HACCP 计划/OPRP 计划）								
8.6　前提方案 PRPs 和危害控制计划信息更新								
8.7　监视和测量的控制								
8.8　前提方案 PRPs 和危害控制计划的验证								
8.8.1　验证								
8.8.2　验证活动结果的分析								
8.9　不符合产品和过程的控制								
8.9.1　总则								
8.9.2　纠正措施								
8.9.3　纠正								
8.9.4　潜在不安全产品的处理								
8.9.5　撤回/召回								
9　食品安全管理体系绩效评价								
9.1　监视、测量、分析和评价								
9.1.1　总则								
9.1.2　分析和评价								

（续表）

部门 ISO/DIS22000 标准要求	总经理	食品安全小组	行政部	品管部	销售部	财务部	生产部	采购部
9. 2　内部审核								
9. 3　管理评审								
10　改进								
10. 1　不符合和纠正措施								
10. 2　食品安全管理体系更新								
10. 3　持续改进								

注：▲—表示主控部门，△—表示配合部门。

总经理任命管理者代表，分派其职责和权限包括：

a）确保食品安全管理体系符合本标准的要求；

b）确保各过程获得其预期输出；

c）报告食品安全管理体系的绩效及其改进机会，特别向总经理报告；

d）确保在整个组织推动以顾客为关注焦点；

e）确保在策划和实施食品安全管理体系变更时保持其完整性。

5. 3. 2　各部门职责和权限。

5. 3. 2. 1　总经理岗位职责。

a）总经理是本公司最高行政领导人，全面负责公司生产、行政人事、经营管理、质量管理和食品安全管理工作，对本公司质量和食品安全负主要领导责任；

b）负责经营策略、本公司营运、食品安全质量管理体系的总体规划，确定方针和目标、组织结构图及部门职责，管理者代表和食品安全组长的任命；

c）为体系有效运行提供充分的必要的人力资源、基础设施及工作环境；

d）负责《食品安全质量手册》、程序文件及相关文件、规章制度的批准，并监督实施；

e）严格贯彻、执行国家有关食品安全质量的政策、法规、标准，向员工传达满足顾客和法律、法规要求的重要性；

f）对建立实施管理体系并持续改进/更新其有效性承诺提供资源，组织对管理体系进行管理评审；

g）负责部门主管以上人员的人事任免和班组长任免的批准，确定部门负责人的《岗位职责》，并审批培训计划；

h）监督协调本公司内各个部门/单位的运作，审阅报表，审批报告和各种规章制度，以保证本公司具有高效的效率和效能；

i）决策本公司销售策略，处理重大客户投诉，满足客户的意愿和需求。

5. 3. 2. 2　总经理的权限。

a）决定建立质量管理系统的运行模式；

b）有权对不符合质量管理要求的部门和个人进行调整和处罚；

c）有权决定管理者代表的人选，决定内审小组人员名单，任命部门负责人；

d）根据企业经营状况审批质量管理体系的经费；

e）严格执行国家有关食品安全的法律法规、政策、标准；

f）为保证质量管理体系和食品安全管理体系的运行提供人力、物质保证。

5.3.2.3　常务总监。

a）根据公司的质量要求协助相关部门实现客户的满意；

b）负责分管部门的方针、目标完成情况的监督和检查；

c）对实施质量管理中出现的问题及时采取对策；

d）将产品的安全危害降到最低；

e）在管辖部门实施质量管理体系、安全管理体系和食品安全管理体系的运行；

f）协助总经理在经营管理上献策献力。

5.3.2.4　管理者代表职责。

a）负责食品安全质量管理体系建立和保持的具体事宜，向总经理报告运行情况，提出改进的建议；

b）负责促进全体员工形成满足顾客要求的意识和提高员工的食品安全意识；

c）负责组织编制质量/食品安全管理体系文件，审核文件、组织对现有体系文件的定期评审；

d）负责在纠正预防和改进措施的实施过程中起监督协调作用；

e）负责组织内、外审工作，编制审核计划和内审报告以及整改报告的落实；

f）负责管理评审的组织工作，并提供管理评审所需的资料；

g）负责统筹本公司相关信息的传递及内部沟通活动；

h）负责就管理体系有关事宜与外界的联络工作。

5.3.2.5　食品安全小组组长。

a）策划、建立、实施、保持和更新食品安全管理体系；

b）直接向总经理报告食品安全管理体系的有效性和适宜性，以进行评审，作为体系改进的基础；

c）为食品安全小组成员安排相关的培训和教育，组织食品安全小组的工作及关键控制点的验证工作；

d）组织内部审核，向总经理报告食品安全管理体系的有效性和适宜性，以供其进行评审，并作为食品安全管理体系改进的基础；

e）食品安全小组组长的职责可包括与食品安全管理体系有关事宜的外部联络。

5.3.2.6　综合技术部。

a）组织对本公司产品质量的验证工作；

b）对国内外同行业技术和资料的收集，工艺技术研究和改进；

c）产品应用领域研究，必要时前往指导客户使用；

d）顾客有重大的投诉，由研究室技术人员前往处理和收集必要的资料；

e）协助各部门进行统计技术的应用；

f）负责对检验人员的培训和考核；

g）及时提供本部门的目标统计数据。

5.3.2.7　生产部。

a）编制相应生产操作规程和管理制度，按照生产任务合理组织生产，生产现场的管理和监督，做好安全文明生产、执行前提方案所要求的环境卫生；

b）填写生产报表，数据的收集、统计分析和总结，协助做好产品质量/安全控制，处理生产异常或变更事宜，分析产品质量/安全事故的原因，采取纠正和预防措施；

c）执行设备、仪器仪表、衡器的使用、报检、维护、保养；

e）做好生产记录、留样和产品标识与可追溯性实施工作；

f）负责质量/食品安全管理体系在本部门的实施；

g）组织车间员工参加各种有关的质量/食品安全学习和技术培训教育，安排所属人员进行岗位技能的培训和考核；

h）负责在管理评审时汇报本部门管理体系的运行情况；

5.3.2.8　销售部（包括外贸、PMC）。

a）负责与客户接洽、沟通，明确客户和客户要求，报价、接单，出货通知、处理顾客投诉及把信息传递到各相关部门；

b）建立客户档案，收集和处理客户反馈有关产品质量和食品安全的信息，包括客户的投诉、意见和建议；组织对顾客满意度的调查，编制相应的调查和分析报告；统计本部门达标情况；

c）通过各种途径了解与识别顾客需要，组织对合同或订单进行评审、订单变更通知，组织、协调运输、交付和售后服务工作；

d）当发现食品安全/质量有重大问题时，负责产品的召回；

e）完成销售统计报表，协助催款及账款异常处理；

f）及时向相关部门和总经理传递和汇报业务信息。

5.3.2.9　采购。

a）负责供应商调查、选择和评定，建立供应商档案，并对供应商进行考核评估与管理；

b）依订单做好采购计划，进行询价、比价、议价、订购、签约、催交等工作；负责适时、适量、适价、适质、适地采购产品；

c）跟踪和控制采购过程，确保按时按质供应生产所需物料；

d）原辅料如有食品安全问题应及时与供应商联系，协助品管部处理退货等事宜；

e）根据质量/食品安全管理体系进行工作。

5.3.2.10　行政部（人力资源）。

a）负责文件和资料的统筹管理，包括发放、回收、更改、销毁、保存等及做好相关记录；

b）负责汇集备案各类质量记录样本，规定其保存期限并汇总保存、管理及销毁；

c）负责本公司人事档案建立，编制岗位职责，人事招聘、办理入职手续、人事异动等；

d）制定相关行政管理制度、并负责监督和实施；

e）负责培训计划的制定及监督实施，组织食品安全知识的培训并对培训效果进行评估；确保本部门目标达标；

f）负责美化厂容厂貌，清洁卫生、厂区和宿舍卫生检查，捕鼠灭虫；

g）负责消防管理及其他应急准备和响应。

5.3.2.11　财务部。

a）编制财务管理制度，设置会计科目、会计账簿，处理一般会计事务如编制会计凭证、会计报表、结账、核账、收款、报销处理、薪资发放等；

b）严格监控收支情况，办理银行结汇、外汇结算以及工商、税务事项，做到合法、合理缴纳税款；

c）进行会计核算，定期清查财产物资，发现问题及时上报、及时处理；

d）整理、保存相关的各种会计资料和会计档案；

e）运用会计信息和资料做好成本管理工作，及时对成本、利润及资金需求进行预测，为公司的经营管理提供决策依据；

f）分析财务运行状况，撰写财务评价报告，向总经理报告财务情况和营运状况；

g）遵守职业道德、严守公司机密，严格财经纪律，以身作则，奉公守法，严格遵守公司各项规章制度，严格执行各项费用开支标准。

5.3.2.12　品管部。

a）对原材料、半成品、成品进行抽样检验，检验状态标识和填写检验记录，以便产品发生质量问题时可追溯；

b）对原材料、半成品、成品不合格品的判定，必要时进行复检，并进行原因分析，组织相关部门制定纠正和预防措施，并负责检查、验证实施结果；

c）负责本部门检验和检测设备、计量仪器的建档、校正、管理和维护，失准状态时的追踪处理。确保本部门检测设备、仪器的检定合格；

d）收集编制产品质量报表，对本部门的质量目标进行分析和统计；

e）必要时向总经理汇报质量状况，将产品质量信息传递给相关部门；

f）参与对供方的质量管理体系和食品安全体系进行审核；

g）定期对本公司的污水排放水质进行检定，必要时送外检。

5.3.2.13　检验员。

a）服从本部门主管人员的调动；

b）按照产品技术标准及相关标准对产品原材料实行分析；

c）提供正确的分析报告；

d）认真填写原始记录，熟悉本室药品的性质和使用；

e）熟悉检验室仪器，计量器具的使用，性能、保养和维护；

f）准时、正确地完成原材料，辅料的分析程序；

g）按照产品包装标准抽样产品，做好喷粉温度的测试；

h）完成本班作业区和责任卫生区的卫生清扫工作。

5.3.2.14　食品安全小组组员。

a）参与食品安全管理体系策划；

b）识别对于食品安全管理体系范围内有可能发生的潜在危害，并按照其对食品安全的严重性以及发生的可能性进行评估，制订食品安全计划；

c）通过系统的方法确定关键控制点，并确定关键限值；

d）建立识别所有与食品安全有关的前提方案；

e）详见任命书中规定的各人员的职责。

5.3.2.15　内审员。

a）在食品安全小组组长领导下，研究相关程序文件，并编制检查表做好受审部门的审核工作；

b）严格按规定审核内容，通过与受审部门负责人交谈，现场观察，查核原始记录等有效地策划和履行职责；

c）将审核结果形成文件，报告审核结果；

d）对不合格项在检查表上做好记录，并采取纠正预防措施；

e）保存好有关审核记录。

6　策划

6.1　应对风险和机遇的措施。

6.1.1　公司在策划食品安全管理体系时，考虑到影响公司目标和战略方向和管理体系绩效的内外因素和公司相关方的要求，确定需要应对的风险和机遇，以便：

a）确保食品安全管理体系能够实现其预期结果；

b）增强有利影响；

c）避免或减少不利影响；

d）实现改进。

6.1.2　公司根据风险分析结果，策划应对这些风险和机遇的措施，包括规避风险，为寻求机遇承担风险，消除风险源，改变风险的可能性和后果，分担风险，或通过明智决策延缓风险。实施新实践，推出新产品，开辟新市场，赢得新客户，建立合作伙伴关系，利用新技术以及能够解决组织或其顾客需求的其他机会。明确如何在食品安全管理体系过程中整合并实施这些措施；评价这些措施的有效性。

应对风险和机遇的措施应与其对于产品和服务符合性的潜在影响相适应。

6.2　食品安全目标及其实现的策划。

6.2.1　公司策划并制定了食品安全目标，并在相关职能、层次和过程进行分解。食品安全目标策划，变更和实施中应与食品安全方针保持一致；可测量；考虑到适用的要求；与提供合格产品和服务以及增强顾客满意相关，予以监视；予以沟通；适时更新。

公司保留有关食品安全目标的实施和考核结果的记录。

6.2.2　策划如何实现食品安全目标时，公司应确定：采取的措施，需要的资源，由谁负责，何时完成，如何评价结果。

6.3　变更的策划。

当公司确定需要对食品安全管理体系进行变更时，应对变更活动进行策划并根据4.4要求系统地实施。应考虑到：

a）变更目的及其潜在后果；

b）食品安全管理体系的完整性；

c）资源的可获得性；

d）责任和权限的分配或再分配。

7　支持

7.1　资源。

7.1.1　总则。

公司应确定并提供为建立、实施、保持和持续改进食品安全管理体系所需的资源。应考虑：

a）现有内部资源的能力和约束；

b）需要从外部供方获得的资源。

7.1.2　人员。

公司确定并配备所需要的人员，以有效实施食品安全管理体系，包括过程运行和控制。

7.1.3　基础设施。

为确保食品安全和服务合格，公司确定、配置和维护过程运行所需的基础设施。包括：

a）建筑物和相关设施；

b）生产设备，包括硬件和软件；

c）信息和通信技术。

7.1.4　工作环境。

公司根据产品和服务特点，确定、提供并维护过程运行所需要的环境，包括温度、热量、湿度、照明、空气流通、卫生、噪声等物理环境，心理环境如心理压力、过度疲劳、个人情感，以及社会环境如非歧视、和谐、无对抗，以获得合格安全的产品和服务。

7.1.5　外部开发食品安全管理体系要素的控制。

公司应确保外部开发食品安全符合产品生产过程和产品食品安全要求。

在下列情况下，应确定对外部开发食品安全提供的过程、产品和服务实施的控制：

a）外部开发供方的过程、产品和服务构成组织自身的产品和服务的一部分；

b）外部供方替公司直接将产品和服务提供给顾客；

c）公司决定由外部供方提供过程或部分过程。

公司应基于外部供方提供所要求的过程、产品或服务的能力，确定对外部供方的评价、选择、绩效监视以及再评价的准则，并加以实施。评价活动和由评价引发的任何必要的措施，应形成文件的信息并保留。

7.1.6　外部提供过程、产品和服务的控制。

7.1.6.1　控制类型和程度。

公司确保外部开发食品安全的过程、产品和服务不会对组织稳定地向顾客交付合格安全的产品和服务的能力产生不利影响。公司应：

a）制定对外部供方控制程序，确保外部提供的过程保持在食品安全管理体系的控制之中；

b）规定对外部供方的控制及其输出结果的控制；

c）考虑：

①外部提供的过程、产品和服务对组织稳定地提供满足顾客要求和适用的法律法规要求的能力的潜在影响；

②外部供方自身控制的有效性；公司应以供方符合本标准为目标进行供方食品安全管理体系的开发。符合 ISO/DIS22000:2017 是达到这一目标的第一步。除非顾客另有规定，否则组织的供方应通过经认可的第三方认证机构的 ISO/DIS22000:2017 第三方认证。

d）确定必要的验证或其他活动，以确保外部提供的过程、产品和服务满足要求。

7.1.6.2　外部供方的信息。

公司应确保在与外部供方签订协议前，充分进行沟通，确保外部方提供的产品、服务或过程要求明确具体。与外部供方沟通包括以下要求：

a）所提供的过程、产品和服务；

b）对下列内容的批准：

①产品和服务；

②方法、过程和设备；

③产品和服务的放行。

c）能力，包括所要求的人员资质；

d）外部供方与组织的接口；

e）对外部供方绩效的控制和监视；

f）公司或顾客拟在外部供方现场实施的验证或确认活动。

7.2　能力。

公司制定人力资源管理程序，对以下活动进行控制：

a）确定影响公司食品安全管理体系绩效和有效性的各类人员所需具备的能力；

b）给予适当的教育、培训或经历，确保这些人员具备所需能力；

c）适用时，采取措施获得所需的能力，包括对在职人员进行培训、辅导或重新分配工作，或者招聘具备能力的人员等并评价措施的有效性；

d）公司建立人事档案，保留员工评价、教育、培训、经历等记录，作为人员能力的证据。

7.3　意识。

为提高全员食品安全意识、顾客意识，公司通过多种形式宣传交流，确保相关工作人员知晓和理解：

a）食品安全方针；

b）与其职责相关的食品安全目标；

c）为公司食品安全管理体系有效性做出贡献的意义和途径，包括改进食品安全绩效的益处；

d）不符合食品安全管理体系要求的后果。

7.4　沟通。

本公司确定与食品安全管理体系相关的内部和外部沟通，包括：

a）沟通内容；

b）沟通时间；

c）沟通对象；

d）沟通方式；

e）沟通负责人。

7.5 成文信息。

7.5.1 总则。

组织的食品安全管理体系应包括：

a）本标准要求的形成文件的程序文件和记录；

b）公司确定的为确保食品安全管理体系有效性所需的支持性文件。

7.5.2 创建和更新。

在创建和更新文件时，公司应确保适当的：

a）文件标识和说明（如标题、日期、作者、编号等）；

b）适宜的格式和媒介；

c）文件经过评审和批准，以确保适宜性和充分性。

7.5.3 形成文件的信息的控制。

7.5.3.1 公司制定文件控制程序，对食品管理体系和标准所要求的文件应严格控制，以确保满足以下要求：

a）无论何时何处需要这些文件，均可获得并为正确版本；

b）予以妥善保护，防止失密、不当使用或不完整。

7.5.3.2 为控制形成文件的信息，使用时，文件主管部门应关注下列活动及其效果：

a）文件分发、查阅、检索和使用，严格控制其被更改。

b）存储和防护，包括保持可读性；

c）变更控制（比如版本控制）；

d）保留和处置。

对确定策划和运行质量管理体系所必需的来自外部的原始的形成文件的信息，如适用的法律法规、标准，公司应进行适当识别和控制。

对所保留的作为符合性证据的成文信息予以保护，防止非预期的更改。

8 运行

8.1 运行策划和控制。

本公司策划和开发安全产品实现所需的过程，通过有效开发、实施和监视所策划的活动，保持和验证食品加工和加工环境的控制措施，当出现不符合时采取适宜措施予以控制，最终实现食品安全管理。

8.2 前提方案。

本公司建立、实施和保持前提方案（PRP），以有助于控制：

a）食品安全危害通过工作环境进入产品的可能性；

b）产品的生物、化学和物理污染，包括产品之间的交叉污染；

c）产品和产品加工环境的食品安全危害水平。

本公司制定前提方案时，保证做到：

a）与本公司在食品安全方面的需求相适应；

b）与本公司运行的规模和类型、生产和处理的产品性质相适宜；

c）前提方案能在整个生产系统中实施；

d）制定的前提方案应获得食品安全小组的批准。

本公司在制定前提方案时，充分识别有关的法律法规和其他要求（如顾客要求、公认的指南、国际食品法典委员会的法典原则和操作规范等），并在制定前提方案时，对这些法律法规和其他要求予以考虑和利用。

本公司制定前提方案时，充分考虑了以下的内容：

a）建筑物和相关设施的布局和建设；

b）包括工作空间和员工设施在内的厂房布局；

c）空气、水、能源和其他基础条件的提供；

d）包括废弃物和污水处理的支持性服务；

e）设备的适宜性及其清洁、保养和预防性维护的可实现性；

f）对采购材料（如原料、辅料、化学品和包装材料）、供给（如水、空气、蒸汽等）、清理（如废弃物和污水处理）和产品处置（如储存和运输）的管理；

g）交叉污染的预防措施；

h）清洁和消毒；

i）虫害防治；

j）人员卫生；

k）其他适用的方面。

8.3　可追溯性。

本公司制定《标识和可追溯程序》，以确保能够识别产品批次及其与原料批次、加工和分销记录的关系，能够识别从直接供方的进料和最终产品分销直至直接分销方的情况，能够对潜在不安全产品进行处理和可能发生的召回。

8.4　应急准备和响应。

8.4.1　总则。

本公司建立和实施与本公司食品链中的作用相适宜的《应急准备和响应控制程序》，以管理可能影响食品安全的潜在紧急情况和事故。

相关文件《应急准备和响应控制程序》。

8.4.2　紧急情况和事故的处理。

采取措施减少紧急情况的后果，措施要适用于紧急情况或事故的严重程度及对食品安全可能的影响。

8.5　危害控制。

8.5.1　危害分析预备步骤。

8.5.1.1　预备工作的总原则。

本公司按《危害分析和预防控制程序》的要求做好危害分析的预备工作，预备工作的总原则量：

a）应收集、保持和更新实施危害分析的所有相关信息，并将这些信息形成文件；

b）应保存收集、保持和更新信息的记录。

8.5.1.2　成立食品安全小组。

总经理牵头成立食品安全小组，食品安全小组成员来自公司品管、生产、采购、销售、行政、PMC 等各部门，这些人员应接受过相关培训，具备建立、实施食品安全管理体系的能力。

8.5.1.3　编写产品特性。

1）食品安全小组编写所有原料、辅料、与产品接触的材料的特性描述。在编写特性描述时，应识别与描述的内容相关的法律法规。

特性描述的内容一般包括以下方面：

a）化学、生物和物理特性；

b）配制辅料的组成，包括添加剂和加工助剂；

c）产地；

d）生产方法；

e）包装和交付方式；

f）贮存条件和保质期；

g）使用或生产前的预处理；

f）原料和辅料的接收准则或规范。接收准则和规范中，应关注与原料和辅料预期用途相适宜的食品安全要求。

2）食品安全小组编写终产品的特性描述（含终产品的预期用途）。在编写特性描述时，应识别与描述的内容相关的法律法规。

终产品特性描述的内容一般包括以下方面：

a）产品名称或类似标识；

b）成分；

c）与食品安全有关的化学、生物和物理特性；

d）预期的保质期和贮存条件；

e）包装；

f）与食品安全有关的标识及使用说明书；

g）适宜的消费者；

h）销售方式。

8.5.1.4　绘制产品/过程流程图、并编制工艺描述。

1）食品安全小组绘制清晰、准确和详尽的产品/过程流程图，流程图绘制完成后，包括以下方面：

a）操作中所有步骤的顺序和相互关系；

b）源于外部的过程和分包工作；

c）原料、辅料和中间产品投入点；

d）返工点和循环点；

e）终产品、中间产品和副产品放行点及废弃物的排放点。

2）食品安全小组编制工艺描述，对流程图中的每一步骤的控制措施进行描述。工艺描述的内容包括过程参数及其实施的严格度、工艺控制方法及要求、工作程序，还包括可能影响控制措施的选择及其严格程度的外部要求（如来自顾客或主管部门）。

8.5.2　危害分析。

8.5.2.1　本公司按《危害分析和预防控制程序》的要求实施危害分析，以确定：

a）需要控制的危害；

b）危害的可接受水平；

c）危害所需的控制措施的组合。

8.5.2.2　危害识别和可接受水平的确定。

1）食品安全小组识别流程图中每个步骤的所有潜在危害。危害识别时应全面考虑产品本身、生产过程和实际生产设施涉及的生物性、化学性、物理性3个方面的潜在危害。

危害识别时应充分利用下列信息：

a）根据7.3收集的预备信息和数据；

b）本公司的历史经验，如本公司曾发生的食品安全危害；

c）外部信息，尽可能包括流行病学和其他历史数据；

d）来自食品链中，可能与终产品、中间产品和消费食品的安全相关的食品安全危害信息。

2）食品安全小组在识别危害的同时，确定危害的可接受水平。在确定危害的可接受水平时，应考虑下列信息：

a）销售所在地的产品接收准则；

b）顾客达成一致的可接受水平；

c）通过科学文献和专业经验获得的食品安全信息。

8.5.2.3　危害评估。

食品安全小组根据危害发生的可能性和危害后果的严重性对识别出来的危害进行评估，以确定危害是不是显著危害，以及危害是否需要得到控制。

8.5.3　控制措施和控制措施组合的确认。

对需控制的危害，食品安全小组应选择适宜的控制措施对其进行控制。控制措施应通过OPRP或HACCP计划来管理。

CCP的控制措施由HACCP计划来管理，其余危害的控制措施由OPRP来管理。

OPRP或HACCP计划在实施前，要按《确认验证控制程序》的要求对其有效性进行确认。确认的记录按《记录控制程序》的要求进行管理。

8.5.4　危害控制计划（HACCP计划/OPRP计划）。

8.5.4.1　本公司按《危害分析和预防控制程序》的要求编制包括程序或作业指导书的HACCP计划，对CCP进行管理。

HACCP计划包括下列内容：

a）关键控制点所控制的食品安全危害；

b）控制措施；

c）关键限值；

d）监视程序；

e）关键限值超出时，应采取的纠正和纠正措施；

f）职责和权限；

g）监视的记录。

8.5.4.2　关键控制点的确定。

食品安全小组通过 CCP 判断树，并结合专业知识，判断某一步骤是不是 CCP。

8.5.4.3　确定 CCP 的关键限值。

食品安全小组为每个 CCP 建立关键限值，以确保终产品食品安全危害不超过其可接受水平。

1）关键限值确定依据：

____

____

____

____

____

____

____

应将上述资料、证据形成 HACCP 计划的支持性文件。

2）确定关键限值的注意事项：

a）关键限值要合理、适宜、实用，要具有直观性、可操作性，要易于监测。关键限值可以是一个控制点，也可以是一个控制区间，也即关键限值是一个或一组最大值或最小值；

b）关键限值要适宜，不要过严。否则即使没有发生影响到食品安全危害的情况，也要采取纠偏行动，导致生产效率下降和产品的损伤；不要过松，否则就会使产生不安全产品的可能性增加；

c）应仅基于食品安全的角度来考虑建立关键限值。当然企业还要综合考虑能源、工艺、产品风味等问题；

d）要保证关键限值的监测能在合理的时间内完成；

e）偏离关键限值时，最好只需销毁或处理较少产品就可采取纠偏措施；

f）最好不打破常规方式；

g）不违背法规和标准；

h）不需混同于前提方案或操作性前提方案；

i）基于感官检验确定的关键限值，应形成作业指导书/规范，由经过培训，考核合格的人员进行监视；

j）每个 CCP 必须有一个或多个关键限值。

8.5.4.4　建立关键控制点的监视系统。

1）食品安全小组为每个关键控制点建立监视系统。监视系统包括所有针对关键限值的、有计划的测量或观察。监视系统由“HACCP 计划表”及相应的程序文件、作业指导书和表格构成。

2）监视系统的要素及其要求如下所述：

a）监视的对象：监视的对象是关键限值的一个或几个参数。

b）监视的方法：监视的方法应能保证快速（实时）提供结果以便快速判定关键限值的偏离，保证产品在使用或消费前得到隔离。

c）监视的设备：应根据监视对象和监视方法选择监视设备。

d）监视的地点（位置）：在所有的 CCP 处进行监视。

e）监视的频次：监视可以是连续的，也可以是非连续的，如果条件许可，最好采用连续监控。监控的频率应能保证及时发现关键限值的偏离，以便在产品使用或消费前对产品进行隔离。

f）监视的实施者以及监视结果的评价人员：监视的实施者一般是生产线上的操作者、设备操作者、质量控制人员等。应明确监视人员的职责和权限。监视结果的评价人员一般是有权启动纠正措施的人员。应用文件明确评价人员的职责。

g）监视的记录：每个 CCP 的监视记录都要有监视人员和评价人员的签名。

h）监视结果的评价：对监视结果要进行评价，以确定成功的领域，以及需要采取的纠偏措施。

8.5.4.5 建立纠偏措施。

食品安全小组在"HACCP 计划表"及相应的程序文件（《不合格和纠正措施控制程序》）、作业指导书中规定偏离关键限值时所采取的纠正和纠正措施。

纠正和纠正措施由两个方面完成：

a）纠正、消除产生偏离的原因，使 CCP 重新恢复受控，并防止再发生；

b）按《不合格品控制程序》的要求隔离、评估和处理在偏离期间生产的产品。

8.6 前提方案 PRPs 和危害控制计划信息更新。

在下列情况下，根据需要，应对危害分析的输入（产品特性、预期用途、流程图、过程步骤、控制措施）进行更新，重新进行危害分析，并对 OPRP、HACCP 计划进行更新：

a）原料的改变；

b）产品或加工的改变；

c）复查时发现数据不符或相反；

d）重复出现同样的偏差；

e）有关危害或控制手段的新信息；

f）生产中观察到异常情况；

g）出现新的销售或消费方式。

8.7 监视和测量的控制。

1）公司建立和实施《监视和测量资源的控制程序》，以确保所采用的监视、测量设备和方法是适宜的。

2）根据监测对象和所需测试项目要求选择合适的监测设备。

3）按照国家发布的有关校准规程，做好监测设备使用前的首次校准和周期校准，并做好校准记录。没有国家发布的校准规程的，本公司应将校准的依据写成文件。

4）监测设备应有表明其校准或检定状态的标识，标识上注明编号、检定有效期及检定人。

5）发现监测设备偏离校准状态时，品管部应重新评定已监测结果的有效性以及对食品安全的可能影响。根据评定结论的要求，采取必要的改进措施，以防止影响扩大。如评定认为应对被检产品重检，则应按评定要求的范围追回被检产品进行重新监测。同时，品管部应对监测设备进行故障分析、维修并重新校准。

6）采取措施保证监测设备在搬运、维护保养和储存期间，其准确度和适用性保持完好。

7）保证监测设备的校准和使用场所均有适宜的环境条件。

8）对监测设备进行调整或再调整时，应遵守有关要求。防止监测设备因调整不当而使其定位失效。所有监测设备，未经品管部批准，不得擅自修理。

9）本公司无法校准的监测设备，应定期送法定检定机构校准。

10）当软件作为合适的监测手段时，使用前应进行确认，以证明其能用于验证生产过程中产品的合格性，并在必要时进行再确认。

11）按《记录控制程序》的要求保存监测设备的校准、检定记录。

8.8　前提方案 PRPs 和危害控制计划的验证。

8.8.1　验证。

本公司策划验证活动，以保证：

a）前提方案得以实施；

b）危害分析的输入持续更新；

c）HACCP 计划中的要素和操作性前提方案得以实施且有效；

d）危害水平在确定的可接受水平之内；

e）公司要求的其他程序得以实施，且有效。

8.8.2　验证活动结果的分析。

本公司在《确认验证控制程序》中对验证活动的目的、方法、频次和职责进行了规定，对记录验证结果进行了规定，并要求将验证结果传达到食品安全小组以进行验证结果的分析。

本公司的验证项目一般包括：前提方案与操作性前提方案的验证、HACCP 计划的验证、CCP 的验证、食品安全管理体系内部审核、最终产品的检测。

当验证基于终产品的测试且测试的样品不符合食品安全危害的可接受水平时，受影响的批次产品应按照潜在不安全产品进行处置。

8.9　不符合产品和过程的控制。

8.9.1　总则。

本组织在制定的《HACCP 计划》中，根据最终产品的用途和交付要求，识别和控制影响最终产品的不符合关键控制点或不符合卫生标准的操作程序。

8.9.2　纠正措施。

为对产品实现过程中的不合格和 HACCP 体系的关键控制点关键限值已发生的偏离，

包括对偏离期间的产品和偏离产生的原因进行分析识别，从而制定出应采取的措施进行纠正，使发生偏离的参数重新被控制。在关键限值范围内，预防潜在不合格，以防止这种偏离和不合格品的再次发生。达到杜绝因偏离导致有碍健康的产品进入流通领域的目的。

对关键控制点关键限值的纠偏恢复控制包括：识别、评审控制记录提供的偏离数据信息；确定消除偏离，制定重新受控和防止再发生的措施；完成关键控制点纠正措施过程记录。具体按以下内容执行：

a）为了防止偏离的再次发生，对该关键控制点制定实施纠正措施。

b）当关键限值再次发生偏离时，应调整加工工艺或重新评估食品安全管理体系。重新评估的结果是可能导致作出修改 HACCP 计划的决定。必要时，要采取有效措施以清除或最大限度地降低发生偏离的原因。

c）识别潜在的不合格，并采取纠正措施，以清除潜在不合格的原因，防止不合格发生。所采取的纠正措施应与潜在问题的程度相适应。

d）及时了解体系运营的有效性、过程、产品、环境质量趋势及顾客的要求和期望。日常对食品安全管理体系运行的检查和监督过程中，及时收集分析各方面的反馈信息，包括：

——供方供货统计、产品质量统计、市场分析、顾客满意程度调查等；

——以往的内审报告，管理评审报告；

——纠正、预防、改进措施执行纪录等。

e）发现有潜在的不合格事实时，根据潜在的问题影响程度确定轻重缓急，由食品安全小组召集相关部门讨论原因，定出纠正措施和责任部门；品管部跟踪验证实施效果，食品安全小组负责对有效性进行评审。

f）为了对纠正措施进行有效监控，积累纠偏经验保留证据，防止再发生，因此，规定对偏离和偏离期产品的处置过程实行全部记录，并保存档案。记录内容包括：受控品名、描述偏离、纠正措施（包括对受影响产品的最终处理）、采取纠正措施的负责人的姓名、必要时要有结果的评审。

8.9.3　纠正。

1）本公司建立和实施《不合格和纠正措施控制程序》，对纠正进行管理。

2）本公司的纠正要做到：

a）确保关键控制点超出关键限值或操作性前提方案失控时，受影响的产品得到识别和控制；

b）评审所采取的纠正的有效性；

c）纠正应得到相关负责人的批准，要做好纠正记录，记录包括不符合的性质及其产生原因和后果，以及不合格批次的可追溯信息。

3）本公司在关键限值失控时，采取如下纠正：

a）使 CCP 重新恢复受控；

b）按《不合格品控制程序》的要求隔离、评估和处理在偏离期间生产的产品。

4）本公司在操作性前提方案失控时，采取以下措施：

a）使操作性前提方案重新恢复受控；

b）对于在操作性前提方案失控条件下生产的产品，应根据不符合原因及其对食品安全造成的后果对其进行评价并记录评价结果；必要时，按《不合格品控制程序》的要求对其进行处置。

8.9.4　潜在不安全产品的处理。

1）本公司建立和实施《不合格品控制程序》，对不合格品/潜在不安全产品的识别、记录、评审、处置进行管理。

2）根据对不合格品/潜在不安全产品的评估结论，对不合格品/潜在不安全产品实施以下处置：

a）评估时，如满足以下要求，产品均可放行：

____

____

____

____

____

____

____

b）评估时，如认为产品不能放行，则需：

____

____

____

____

____

8.9.5　撤回/召回。

1）本公司成立产品召回应急小组并明确产品召回应急小组成员的职责，当出现产品召回情况时，产品召回应急小组按职责的要求迅速开展工作。

2）本公司建立《产品的召回和撤回控制程序》，程序中应规定如何通知相关方、如何处置受影响的产品以及召回工作各项措施的顺序。

3）食品安全小组组长每年组织进行一次产品召回演习以验证《产品的召回和撤回控制程序》的有效性。应根据演习中发现的问题对相关文件进行必要的修改。

4）本公司按《产品的召回和撤回控制程序》的要求做好召回产品的隔离、封存和标识，并按《不合格品控制程序》的要求对召回产品进行评价和处理。

5）产品召回完成后，食品安全小组组长应组织产品召回应急小组和有关部门对产品召回的情况进行总结。在总结中，应查明召回事故发生的原因，应明确产品召回涉及的销售区域及产品种类、召回产品的处理结果、召回对公司信誉的影响、召回给公司造成的经济损失等情况。总结的结论应上报总经理，作为管理评审的输入。

9　食品安全管理体系绩效评价

9.1　监视、测量、分析和评价。

9.1.1　总则。

公司应确定：

a）需要监视和测量的对象；

b）确保有效结果所需要的监视、测量、分析和评价方法；

c）实施监视和测量的时机；

d）分析和评价监视和测量结果的时机。

应评价质量管理体系的绩效和有效性。组织应保留适当的形成文件的信息，作为结果的证据。

9.1.2　顾客满意。

本公司应监视顾客对其需求和期望获得满足的程度的感受。组织应确定这些信息的获取、监视和评审方法。

监视顾客感受的方式可包括顾客调查、顾客对交付产品或服务的反馈、顾客会晤、市场占有率分析、赞扬、担保索赔和经销商报告。

9.1.3　分析和评价。

公司应分析和评价监视和测量获得的适宜数据和信息。应利用分析结果评价以下各项结果：

9.1.3.1　单项验证结果的评价。

1）食品安全小组按《确认验证控制程序》的要求对各项验证结果进行评价，以确定验证结果的正确与完整。

评价的责任如下：

a）食品安全小组组长对前提方案、操作性前提方案、HACCP 计划的验证结果进行评价；

b）品管部主管对 CCP 的验证结果进行评价；

c）食品安全小组组长对食品安全管理体系内、外部审核结果进行评价；

d）品管部主管对最终产品的检测结果进行评价。

2）当验证表明不符合时，相关验证人员应要求有关部门采取纠正和预防措施。采取纠正和预防措施时，应至少考虑对下列方面进行评审，检查是否这些方面出现问题：

a）现有的程序和沟通渠道；

b）危害分析的结论、已建立的操作性前提方案和 HACCP 计划；

c）PRPs；

d）人力资源管理和培训活动有效性。

9.1.3.2　验证活动结果的分析。

1）在每次管理评审前或必要时，食品安全小组组长组织小组成员对验证结果（包括内部审核和外部审核的结果）进行分析，以：

a）证实体系的整体运行满足策划的安排和本组织建立食品安全管理体系的要求；

b）识别食品安全管理体系改进或更新的需求；

c）识别表明潜在不安全产品高事故风险的趋势；

d）建立信息，便于策划与受审核区域状况和重要性有关的内部审核方案；

e）证明已采取纠正和纠正措施的有效性。

2）将验证分析的结果和由此产生的活动记录在相应的报告中，应将报告提交公司总经理作为管理评审输入，同时，应根据验证分析的结果适时对食品安全管理体系进行更新。

9.2　内部审核。

1）公司制定并实施《内部审核控制程序》，以确定食品安全管理体系是否：

a）符合策划的安排、ISO 22000 标准的要求以及本公司所确定的食品安全管理体系的要求；

b）得到有效实施和保持。

2）食品安全小组组长进行审核方案的策划，并据此制定内部审核方案，内容包括审核的准则、范围、频次、方法等，策划时应考虑拟审核的过程和区域的状况、重要性，以及以往审核的结果。

3）内部审核每年至少一次，同时，也应考虑公司变化、相关方投诉、市场反馈、食品安全事故等因素，适时地进行内部审核。

4）内审员应经过培训，考核合格并经总经理任命方可具备内审员资格。

5）每次进行内部审核前应做好审核准备，包括任命审核组长、审核员，制定审核专用文件（如内审计划表、内审检查表、不符合项报告等）以及准备审核所依据的文件。审核组长负责编制每次内审的内审计划表。

6）确保审核员不审核自己的工作，确保审核工作的客观公正。

7）按规定程序实施审核，审核的具体内容按内审检查表进行。

8）审核员通过交谈、查阅文件、记录、现场检查，收集证据，现场发现问题时应让受审核方确认。

9）每次审核结束均要编制审核报告，作出审核结论。审核报告应报送总经理及有关部门负责人。

10）受审核部门按要求对不符合项采取纠正措施，审核组对纠正措施的实施进行监督、跟踪、验证，并将验证结果报告给食品安全小组组长及相关部门。

9.3　管理评审。

1）本公司建立和实施《管理评审控制程序》，定期对食品安全管理体系（包括食品安全方针、目标）进行评审，以确保其适宜性、充分性和有效性，并识别改进的机会和修改的要求。

2）管理评审由总经理主持，每年至少一次。

3）管理评审计划由食品安全小组组长编写，总经理批准后发放至参加管理评审的有关人员。

4）参加管理评审的人员在收到管理评审计划后，要按要求准备好管理评审输入报告，这些报告的内容包括：

a）以往管理评审跟踪措施的实施情况；

b）验证活动结果的分析情况；

c）可能影响食品安全的环境变化情况，包括与公司食品安全和法律法规有关的发展变化；

d）紧急情况、事故和撤回的情况；

e）体系更新活动的评审结果；

f）对沟通活动（包括顾客反馈）的评价情况；

g）外部审核或检验的情况；

h）改进建议。

提交的报告应与食品安全管理体系的目标相联系，以便于总经理使用并考核目标是否已实现。

5）按期召开管理评审会议，与会人员根据输入的资料就方针、目标、管理体系进行评价，评价其是否需要变更。

6）食品安全小组组长负责编制管理评审报告（管理评审输出），管理评审报告中应写明包括以下决定和措施的管理评审结论：

a）食品安全保证；

b）食品安全管理体系有效性的改进；

c）资源需求；

d）食品安全方针和相关目标的修订。

7）管理评审报告经总经理批准后发给有关部门和人员。

8）食品安全小组组长负责对管理评审中提出的改进措施的执行情况进行跟踪验证，验证的结果应记录并上报总经理。

10　改进

10.1　不符合和纠正措施。

1）公司授权有能力的人员评价操作性前提方案和关键控制点监视的结果，以便启动纠正措施。

2）在关键限值、操作性前提方案失控时，公司将采取纠正和纠正措施。

3）公司建立和实施《不合格和纠正措施控制程序》对纠正措施进行管理。这些管理措施包括：

____

____

____

____

____

10.2　食品安全管理体系更新。

1）食品安全管理小组按《变更的策划控制程序》的要求，定期对下列住处进行分析：

a）内部和外部沟通的信息；

b）验证结果分析报告；

c）管理评审报告；

d）其他有关食品安全管理体系适宜性、充分性和有效性的信息。

2）在信息分析的基础上，对食品安全管理体系做出评价（必要时还需对危害分析、OPRP、HACCP计划进行评价），以决定是否对其进行更新。

3）做好食品安全管理体系更新的记录。应将食品安全管理体系的更新情况形成报告，作为管理评审输入。

10.3 持续改进。

1）本公司按《变更的策划控制程序》的要求持续改进食品安全管理体系，以提高食品安全管理体系的有效性。

2）本公司在实施食品安全管理体系的持续改进时，将充分利用下列活动与方法：

a）通过内外部沟通、内部审核、单项验证结果的评价、验证活动结果的分析、控制措施组合的确认，不断寻求改进的机会，并做出适当的改进活动安排；

b）在管理评审中评价改进效果，确定新的改进目标和改进措施；

c）实施纠正措施和食品安全管理体系更新以实现改进。

项目二　食品安全追溯与召回

任务 1　食品安全追溯

一、技能目标

1. 了解食品追溯相关规定。

2. 总结食品追溯主要内容及流程。

3. 设计二维码食品追溯体系。

二、理论准备

1. 食品追溯相关规定：《中华人民共和国食品安全法》第四十二条、《中华人民共和国食品安全法实施条例》《关于食品生产经营企业建立食品安全追溯体系的若干规定》《上海市食品安全信息追溯管理办法》。

2. 二维码的应用方法。

三、实训内容

（一）任务发布

某乳制品有限公司为了验证本公司产品的标识和可追溯性控制程序的有效性，2020 年 4 月 11 日，质检部负责组织了一次产品模拟追溯演练。如果你是质量负责人，准备如何开展这项工作？

（二）任务实施

1. 分析追溯情况

通过追溯演练，测试公司是否有能力在 2h 内追溯其原料批次的所有相关信息，审核过程记录，发现并解决所出现的问题，验证公司 ISO 9001 质量管理体系与实际生产运行的情况。

2. 建立工作框架

演练产品由质检经理随机选定在线生产或已入成品库的任一个批次。追溯演练部门包括仓库、采购部、生产部、技术部、销售部、人力资源部、质检部。

（1）仓库职责。负责原料和进仓成品相关记录确认。

（2）采购部职责。负责供应商信息提供及采购流程确认。

（3）生产部职责。负责生产过程相关记录提供及生产流程确认。

（4）技术部职责。负责生产过程监控巡检记录、异常工艺分析物料清单表信息确认。

（5）销售部职责。发货客户确认及订单流程确认。

（6）人力资源部职责。负责提供生产过程参与员工的相关培训资料。

（7）质检部职责。负责检测记录、留样记录提供；质量负责人负责整个演练的策划、跟进、分析、总结和汇报。

3. 研究追溯内容

质检部经理选定一个成品批次，对其进行追溯演练，追溯内容包括如下方面。

（1）原料相关信息。该批次产品所涉及原料的批次、技术规格、由原料批次追溯其供应商信息、所有原料的入库检验单、该原料的库存、放置库位。

（2）生产过程中相关信息。生产作业指导书、实际操作记录（关键参数和步骤是否符合要求）、包装记录、规格、包装时的环境温湿度记录。

（3）成品相关信息。成品检验记录、销售记录、此批号产品库存及留样记录。

4. 实施追溯流程

追溯流程具体内容见表4-1。

表4-1　追溯流程

项目	流程内容	职责部门	负责人	相关记录
选择产品	质检部提前选好产品及批次	质检部	部门主管	发货单复印件
演练前会议	确定追溯时间、追溯内容，明确追溯过程中各部门职责	质检部	部门主管	会议签到表
成品相关信息追溯	查看该批次产品的生产任务单	生产部	部门主管	生产计划表
	根据该批号查询其发送客户及客户信息	销售部	部门主管	发货单、成品检验报告单
	查看该批次进仓信息、剩余产品的仓库库存、库位、包装规格	仓库	部门主管	进仓单、检验报告单
	查看该成品包装信息：时间、包装线、规格等	生产部	部门主管	成品包装相关记录
	查找成品留样	质检部	部门主管	样品留样登记表、样品借出登记表
	查看该成品对应的半成品批号	生产部	部门主管	货品转移单
生产过程追溯	查看其生产操作记录、对应作业指导书、生产异常记录	生产部	部门主管	操作记录、作业指导书、生产异常记录（若有）
	操作记录中相关操作人员的培训资料	人力资源部	部门主管	培训记录
	查询该产品对应所有原料批号	生产部	部门主管	投料信息
	选其中某一原料查询其领料信息	质检部	部门主管	领料申请单

（续表）

项目	流程内容	职责部门	负责人	相关记录
原料相关信息追溯	查询该批原料库存信息	仓库	部门主管	原料送货单、原料分析报告单、原料库存台账
	原料留样	质检部	部门主管	留样、样品留样登记表、样品借出登记表
	查询该原料的技术规格、供应商信息	质检部、采购部	部门主管	原料标准、对应供应商审核资料、供应商考核记录
	负责人提交追溯演练过程中的记录表单资料及发现的问题； 质量负责人对成品追溯率进行计算； 对过程中相关信息和资料进行整理汇总形成追溯报告，责任部门负责提出纠偏预防措施并改正，后续过程质量负责人持续跟进	各部门	质量负责人	追溯演练记录及报告

注：追溯报告应包含的内容包括目标即预计达成的效果、达成目标的策略（含各部门职责）、策略实施（演练通知发布、演练小组成员信息、各部门信息收集及反馈所用时间统计、记录追溯的过程及产品及市场反馈的相关信息、计算追溯率等）追溯用信息系统相关情况、纸质记录和信息系统对比情况、演练总结（上期演练问题验证、本期演练问题总结分析）等。

5. 食品安全追溯信息记录检查记录（表 4-2）

表 4-2　乳制品生产企业食品安全追溯信息记录检查记录表

序号	检查项目	信息采集点	检查内容	评分（满分 100）	不符合记录	备注
（一）生鲜乳信息（以生鲜乳为原料的生产企业记录）（10 分）	1. 奶源情况（4 分）	①牧场名称及规模信息； ②质量协议	牧场资质、有关情况			
			协议内容			
	2. 源奶运输信息（6 分）	①运输车辆牌号、司机、贮存温度、同批次鲜奶量； ②运输车辆进厂时间、接收人、检验记录、贮存温度； ③留样记录	相关记录			

（续表）

序号	检查项目	信息采集点	检查内容	评分（满分100）	不符合记录	备注
（二）原辅材料管理信息（20分）	1. 食品原辅料、食品添加剂、食品相关产品基本信息（6分）	①供应商资质审核记录；②食品原辅料、食品添加剂和食品相关产品名称、规格、生产日期及批号、保质期；③进货数量、进货日期	供应商审核材料、相关记录			
	2. 进货查验信息（4分）	①索证索票、检验结果（报告）、检验时间和检验人、复核人；②验收记录	进货票据、原辅料生产企业检验报告单			
			进货查验记录、原辅料自检检验报告单			
	3. 采购信息（2分）	采购负责人、采购订单信息	采购负责人任命书、采购订单			
	4. 使用信息（4分）	①食品原辅料、食品添加剂和食品相关产品台账；②出入库时间、发放人、领取人、数量	出入库台账			
	5. 保管信息（4分）	①库房温度及湿度记录；②留样记录	相关记录			

（续表）

序号	检查项目	信息采集点	检查内容	评分（满分100）	不符合记录	备注
（三）生产加工信息（23分）	1. 生产操作信息（10分）	①产品名称、生产数量； ②生产工序开始、结束时间； ③生产工序操作人及复核人； ④使用食品原料、食品添加剂、食品相关产品的名称、数量、批号、生产厂家； ⑤相关生产操作或活动、工艺参数及控制范围	相关记录			
	2. 生产条件信息（8分）	①生产和包装车间环境监测记录（温度、湿度、压差）； ②生产过程检测记录； ③设备状态记录； ④清洁（消毒）记录； ⑤清场记录； ⑥CIP清洗记录； ⑦关键控制点记录； ⑧关键设备维护保养及检修记录	相关记录			
	3. 包装环节记录（5分）	①包装设备、包装时间； ②操作人及复核人； ③金属异物检测； ④密封性测试； ⑤外观检查记录	生产记录			

（续表）

序号	检查项目	信息采集点	检查内容	评分（满分100）	不符合记录	备注
（四）成品管理信息（24分）	1. 产品生产信息（4分）	①产品名称、生产日期及批号、保质期；②生产班次、生产数量（取样、留样、入库、不合格品数量）；③分装机编号；④操作人及审核人	批生产记录			
	2. 成品检验信息（5分）	①产品名称、规格、生产日期及批号；②检验日期、检验方法；③检验原始记录、检验报告、检验报告编号；④检验设备、检验人员；⑤样品处置情况	相关记录			
	3. 产品留样信息（6分）	①产品名称、规格、生产日期；②批号、留样数量；③留样样品完整情况检查、留样储存条件检查记录	相关记录			
	4. 产品放行信息（4分）	①产品名称、规格、生产日期及批号；②生产数量、检验情况、放行人	成品审核放行单			
	5. 产品仓储信息（2分）	①产品名称、规格、生产日期及批号；②入库时间、入库数量、交接记录	产品出入库台账 货位卡			
	6. 产品发货信息（3分）	①产品名称、规格、生产日期及批号；②出库时间、出库数量；③发往单位	货位卡、出入库台账、相关记录			

（续表）

序号	检查项目	信息采集点	检查内容	评分（满分100）	不符合记录	备注
（五）销售管理信息（12分）	销售信息（12分）	①产品名称、规格、生产日期及批号、数量；②销售去向	销售记录			
（六）风险信息收集信息（11分）	1. 消费者投诉信息记录（4分）	①投诉人姓名、联系方式；②投诉时间、投诉方式；③投诉内容；④解决措施、记录人	投诉信息反馈记录、投诉单			
	2. 风险产品处置记录（2分）	①风险原因；②处置措施；③处置结果	风险产品处置记录			
	3. 追溯演练信息（5分）	开展追溯演练	追溯演练记录			
检查结论	我单位（局）于______年______月______日根据《乳制品生产企业食品安全追溯信息记录规范（试行）》，进行了自查（对该企业进行了检查），共计查出：不符合项______项，得分______分					

检查组组长（签名）： 检查组组员（签名）： 年 月 日	企业意见： 负责人（签名）： 年 月 日（章）	备注

6. 设计二维码追溯体系

根据以下内容设计二维码追溯体系：

（1）某有机大米产品信息如下：

产品名称：有机米；净含量：5kg；产品规格：5kg；生产日期：2022-07-10；保质期：2023-07-10；生产者名称：盛兴米业有限公司；生产者地址：×××；生产者联系方式：×××；建议零售价：90元/袋；生产批次号：2022071001；执行标准：Q212313；标

签标识：B123456。

（2）某有机大米种植信息如下：

1）种植环境。

土壤：土壤以黑土为主，黑钙土、草甸土为辅，土壤结构与基础肥力较好；光照：光照周期符合生长需要。属于中温带大陆季风气候；水分：富矿型水源，水系发达，河网密布，境内地表水资源丰富，有天然屏障，隔离污染；备注：鸭稻种植模式，播撒有机肥，全程24h网络实时监控，始终坚持以奉献纯正有机米为宗旨，帮您守护这一片纯净的土地！

2）种植方式。

选取健壮并且符合移苗高度的幼穗，采取纯手工和标准机插秧技术进行插秧种植（从幼穗开始分化到稻谷形成，为生殖生长阶段，此期主要是长穗、开花、灌浆、结实）。

3）田间管理。

水肥名称：农家肥、有机肥

水肥责任人：×××

病虫害防治：合格

病虫害防治责任人：×××

4）检测信息。

出入境检验检疫局检验检疫技术中心检验报告。

检验结果：各项指标均合格

检验负责人：×××

备注：该批次产品按COFCC有机认证产品风险检测项目目录，谷物水稻标准检验，所检项目合格。

（3）某有机大米生产工序信息如下：

1）工序名称：原粮清理。

工艺流程：圆筒初清筛，振动筛，去石机

工序时长：50min

负责人：×××

工序描述：采用离心机的原理对稻谷中的杂质进行分离与清除，并使用振动筛和去石机对其中的石子等进行去除与分离。

生产顺序：1

2）工序名称：水磨碾米。

工艺流程：采用水磨的形式对稻谷进行脱壳处理。

工序时长：3h

负责人：×××

工序描述：图标2级大米（标2米）自然冷却7~10天后，进行水磨加工。可在碾米机上加一水嘴。

生产顺序：2

3）工序名称：谷糙混合物分离。

工艺流程：把米粒与稻皮、未熟粒等进行分离。

工序时长：4h

负责人：×××

工序描述：使用先进的谷糙分离筛机器进行大批量精细的分离。

生产顺序：3

4）工序名称：抛光。

工艺流程：对大米进行两次抛光处理。

工序时长：3h

负责人：×××

工序描述：抛光是清洁米加工的关键工序之一，由于抛光可去除米粒表面的糠粉，适当的抛光能使米粒表面淀粉胶质化，呈现一定的亮光。外观效果好，商品价值提高。

生产顺序：4

5）工序名称：色选。

工艺流程：对大米进行两次色差选择。

工序时长：5h

负责人：×××

工序描述：采用国际先进日本佐竹色选机对大米进行色选处理。

生产顺序：5

6）工序名称：手选。

工艺流程：对大米进行两次色差选择之后采用纯手工手选一次。

工序时长：6h

负责人：×××

工序描述：从两次机器色选中采用纯手工的方式进行针对性手工选择，以达到最完善的结果。

生产顺序：6

7）工序名称：大米分级。

工艺流程：将大米完整粒与不完整粒分离。

工序时长：5h

负责人：×××

工序描述：采用国际先进白米分离筛机对大米进行分级处理。

生产顺序：7

8）工序名称：包装。

工艺流程：将进行过各个工序的大米进行冷却并进行精致包装。

工序时长：5h

负责人：×××

工序描述：5kg/袋；封口日期准确、封口平整、严密；装箱：摆放平整、无挤压。

生产顺序：8

（4）某有机大米入库信息如下：

入库数量：500kg
入库时间：2022 年 7 月 10 日
入库质检员：×××
检验结果：入库检验合格
备注：仓库环境干燥、洁净，通风效果良好。
某有机大米出库信息如下：
出库时间：2022 年 7 月 15 日
出库数量：500kg
出库质检员：×××
购物者名称：×××
购物者联系方式：×××
购物者地址：某市某区某街 11 号

四、参考评价

食品追溯主要考核要点：
（1）正确查找食品安全追溯信息。
（2）完整填写食品安全追溯信息检查记录表。
（3）制作二维码追溯体系。

任务 2　食品召回管理

一、技能目标

1. 尝试对问题产品进行召回。
2. 分析问题产品产生的原因并提供有效的改进措施。

二、理论准备

1. 食品召回相关规定：《中华人民共和国食品安全法》《中华人民共和国食品安全法实施条例》《食品召回管理办法》《食品安全国家标准食品生产通用卫生规范》（GB 14881）。

2. 食品召回的流程主要包括 3 个环节：停止生产经营、召回和处置。

三、实训内容

1. 任务发布

某日，几名监管人员来到某饮料厂，称之前在该厂抽检的咖啡饮料中发现异物（玻璃），检验结果不合格，并送达了《检验结果不合格通知书》《检验报告》等资料。经调查，该批次食品共生产 3 万箱，已经销售 2.52 万箱，剩余的存于库房，被监管人员查封。面对这突如其来的情况，饮料厂负责人该怎么办呢？

2. 任务实施

（1）制订召回计划。

《食品召回管理程序》是公司实施不合格食品召回的依据，依据此程序制订本次食品召回计划（表 4-3）。

表 4-3　食品召回计划

企业名称：	法定代表人：	联系电话：
地址：	具体负责人：	联系电话：
一、召回食品名称：____________商标：____________ 数量/规格：__________生产日期（批次）：____________ 召回区域范围：____________________ 二、召回原因及危害后果：____________________ ______________________________ 三、召回等级：____________________		

（续表）

四、召回流程及时限：______

五、召回通知或者公告的内容及发布方式：______

六、相关食品生产经营者的义务和责任：______

七、召回食品的处置措施、费用承担情况：______

八、召回的预期效果：______

企业（签章）
年　　月　　日

注：本计划一式两份，一份交当地市场监督管理部门，一份企业留存。

（2）实施食品召回。

具体实施步骤：

①按召回管理规定制订召回计划，发布召回公告（表4-4）。

表4-4　召回公告

企业名称：	法定代表人：
地址：	具体负责人：
联系电话：	电子邮箱：

一、召回食品名称：______商标：______

规格：______生产日期（批次）：______

二、召回原因：______

三、召回等级：______召回起止日期：______区域范围：______

四、相关食品生产经营者的义务：______

五、消费者退货及赔偿的流程：______

企业（签章）
年　　月　　日

注：本计划一式两份，一份交当地市场监督管理部门，一份企业留存。

②成立召回应急小组。

③召回实施（表4-5）。

表4-5　不合格品处置记录

<table>
<tr><td>产品名称</td><td></td><td>规格
型号</td><td></td><td>质量等级</td><td></td></tr>
<tr><td>批次
(生产日期)</td><td></td><td>批量</td><td></td><td>不合格项目</td><td></td></tr>
<tr><td>处置意见</td><td colspan="5">评定人员：　　　　　　　　日期：　年　月　日</td></tr>
<tr><td>处置记录</td><td colspan="5">处置人员：　　　　　　　　日期：　年　月　日</td></tr>
<tr><td>不合格原因
分析及建议</td><td colspan="5">评审人员：　　　　　　　　日期：　年　月　日</td></tr>
<tr><td>纠正/预防措施</td><td colspan="5">责任部门/人员：　　　　　　日期：　年　月　日</td></tr>
</table>

注：本计划一式两份，一份交当地市场监督管理部门，一份企业留存。

④召回应急小组负责记录并清点所召回的食品，记录包括食品名称、商标、数量、生产日期（批次号）、退货人、退款情况、回收发票。

⑤ 按公式“召回率=（检验用数量+召回数量+库存数量+留样数量）/生产的总数量×100%”，计算召回率，并向组长汇报（表 4-6）。

表 4-6　食品召回总结报告

____________：

根据《食品召回管理办法》的有关规定，现就____________（召回食品描述）召回行动的总体情况报告如下：

一、召回通知书已发布情况

□生产经营者____________户；□消费者____________人；

通知方式________________；

通知时间____________________。

二、食品召回情况

（一）累计已回收数量____________；涉及批次____________，其中：

□生产经营者____________户，数量____________；

□消费者____________户，数量____________；

（二）生产总量____________；已销售总量____________；

召回量与计划召回总量的比例____________；

召回量与已销售总量的比例____________。

（三）计划实施情况：

____

____

____

（四）其他情况：

____

____

____

企业（签章）

年　　月　　日

注：本计划一式两份，一份交当地市场监督管理部门，一份企业留存。

四、参考评价

食品召回管理考核要点：

（1）正确梳理食品召回流程；

（2）完整填写食品召回管理记录表；

（3）撰写食品召回总结报告。

1:290

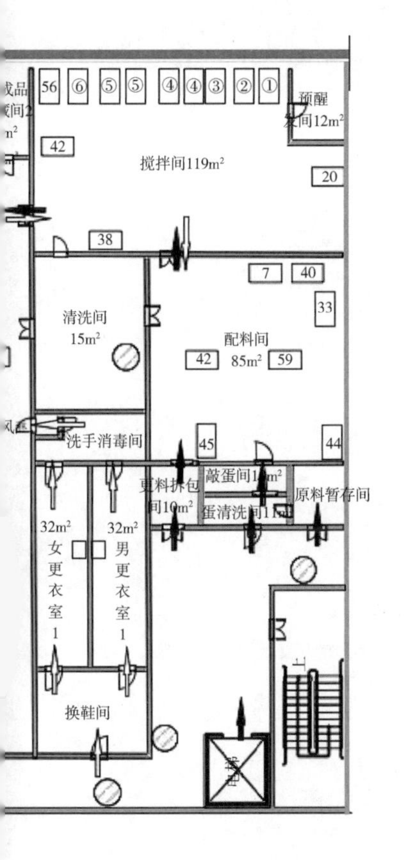

设备图例

人流

物流

灭蝇灯

臭氧机

	备注	序号	名称	规格/型号	数量	使用场所	备注
		46	急速冷冻机	IBF-1539. 255	1	冷加工间	新增
		47	密封试验仪	MFY-01A	1	内包装间	新增
		48	超声波切割机	HI-T00-1800	1	冷加工间	新增
		49	贴标机	YT120	1	内包装间	新增
装间	新增一台	50	连续感应封口机	LX6000A	1	内包装间	新增
		51	灌装机	GF-20	2	冷加工间	新增
		52	挤馅机	GF-30	1	冷加工间	新增
工间、 间	更新	53	年轮机	10020	1	烘烤间 1	新增
搅拌间、		54	自动型塑料 薄膜封口机	SF-150	1	外包装间	新增
包装间、 间		55	盒罐胶带封口机	HJL-FHA100A	1	外包装间	
工间	更新	56	加热混合搅拌机	YXJB-200	1	搅拌间	
间、搅拌 、配料间	更新	57	远红外热收缩包装机	BSP4525	1	外包装间	更新
	更新	58	全自动墨轮 印字封口机	FRM-980	1	冷加工内包装间	更新
间	更新	59	电子秤	HCS3015D	2	成型间、配料间	更新
	新增	去除设备：铜锣烧机、铜锣烧包装机、双门冷冻柜 、翻转华夫炉、快速脚踏封口机、商用制冰机					

附录　食品设备布局图

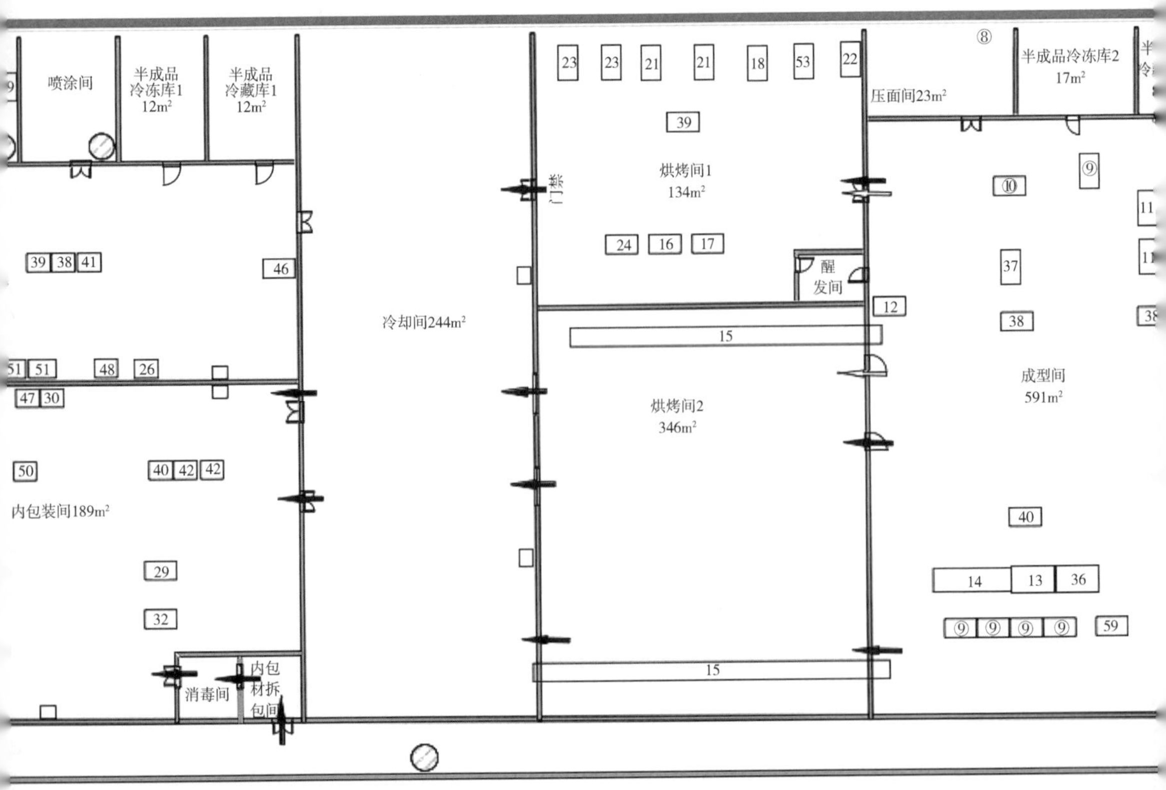

型号	数量	使用场所	备注	序号	名称	规格/型号	数量	使用场所
				设备、设施				
2-09	1	烘烤间 1	新增	31	急速冷冻柜	AI N-4	1	冷加工准备间
1004	1	烘烤间 1		32	金属探测器	IMD-I4015	1	内包装间
:+1S+1B	1	烘烤间 1		33	立式四门冷藏柜	LL-CD-1057F	1	配料间
2B-M	1	内包装间	新增	34	立式四门冷冻柜	LL-CD-1057F	1	冷加工准备间
36S	1	搅拌间		35	喷码机	EC-JET1000	3	内包装间、外包
-3B	2	烘烤间 1		36	包馅机	KN500	1	成型间
503S	1	烘烤间 1		37	自动包馅机	WL-YBAM-180C	1	成型间
I32	2	烘烤间 1		38	电子天平	JS15-05	6	冷加工准备间、冷加 成型间、搅拌
-10	1	烘烤间 1		39	电子天平	JS3-005	3	冷加工间、冷加工 烘烤间 1
-31	1	冷加工内包装间	更新	40	电子天平	JS15-01	4	冷加工内包装间、内 配料间、成型
-508	1	冷加工间		41	电子天平	BH-15	2	外包装间、冷加
30	1	冷加工搅拌间		42	电子天平	JY502	5	冷加工准备间、内包装 间、内包装间、搅拌间
0R-M	1	内包装间		43	电子天平	BH-30	1	外包装间
400	1	内包装间		44	电子天秤	TCS-150	2	外包装间、配料
0 型	2	内包装间、外包装间	新增一台	45	筛粉机	DG-03	1	配料间

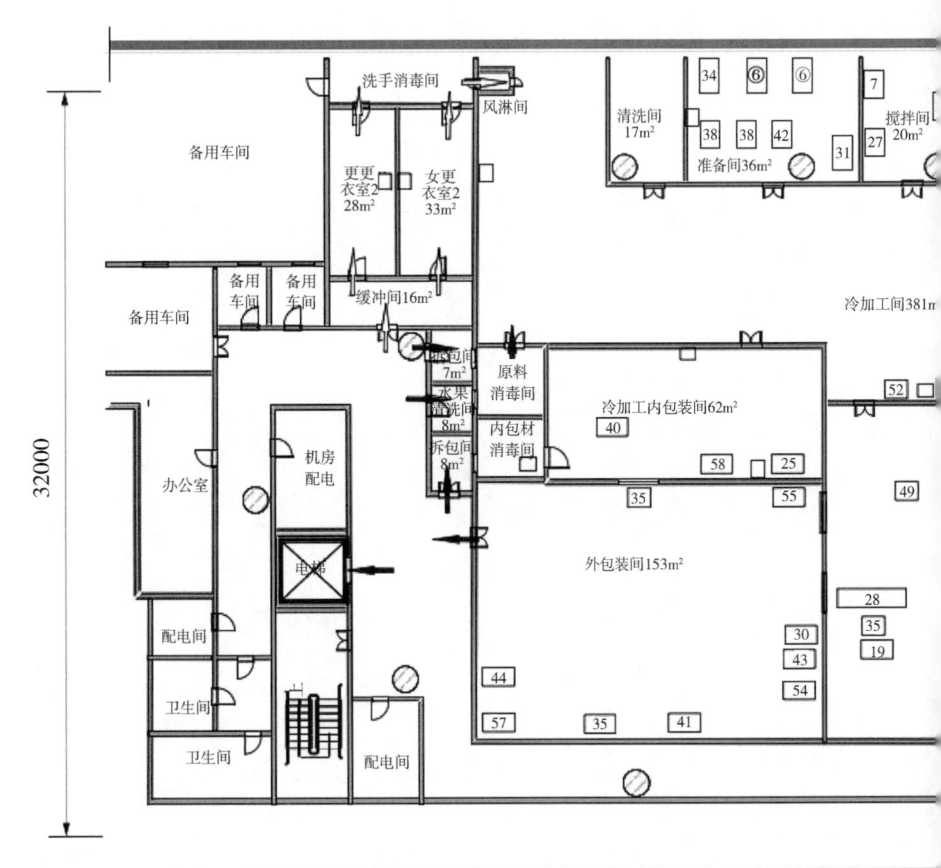

序号	名称	规格/型号	数量	使用场所	备注	序号	名称	规格
①	双动双速搅拌机-80T	80L	1	搅拌间		16	塔皮成型烘烤机	KG-
②	双动双速搅拌机-50T	50L	1	搅拌间		17	煎饼机	KG-
③	搅拌机	SM-50T	1	搅拌间		18	电烤炉	SM-523
④	搅拌机	ZBKM-60A	2	搅拌间		19	横枕往复式包装机	WW1
⑤	搅拌机	ZBKM-40A	2	搅拌间		20	冷藏醒发箱	LG-
⑥	搅拌机	ZBKM-20A	3	搅拌间、冷加工准备间		21	电烤炉	LCE
⑦	打蛋机	SM-201	2	配料间、冷加工搅拌间		22	电烤炉	SM-
⑧	压面机	ZZISMP65164053GINQR	1	压面间		23	旋转热风炉（燃气）	YZ
⑨	曲奇饼挤花机	BKMK-502	5	成型间	4 台新增	24	全自动凤凰蛋卷机	JXD
⑩	蛋糕充填机	BKMK-500	1	成型间		25	面包切片机	HY
11	曲奇饼切割机	CUT-110	2	成型间		26	蛋糕切块机	BKM
12	电动分块机	SM636	1	成型间		27	B30 搅拌机	B
13	打饼机	CG-63	1	成型间		28	横枕式包装机	WW1
14	自动排盘机	CG-600	1	成型间		29	金属探测仪	MD
15	隧道炉	自制	2	烘烤间 2	1 条新增	30	自动薄膜封口机	FR-